天津市教委科研计划项目成果（2017SK174）
高校学生网络舆情特点及引导机制研究——基于天津外国语大学的分析

中国食品安全科技体制创新
与综合改革研究

张婷婷　著

中国财富出版社

图书在版编目（CIP）数据

中国食品安全科技体制创新与综合改革研究/张婷婷著.—北京：中国财富出版社，2019.3

ISBN 978-7-5047-6731-8

Ⅰ.①中…　Ⅱ.①张…　Ⅲ.①食品安全—安全管理—研究—中国　Ⅳ.①TS201.6

中国版本图书馆 CIP 数据核字（2019）第 054455 号

策划编辑	栗　源	责任编辑	邢有涛　栗　源		
责任印制	尚立业	责任校对	孙丽丽	责任发行	杨　江

出版发行	中国财富出版社		
社　　址	北京市丰台区南四环西路 188 号 5 区 20 楼	邮政编码	100070
电　　话	010-52227588 转 2098（发行部）	010-52227588 转 321（总编室）	
	010-52227566（24 小时读者服务）	010-52227588 转 305（质检部）	
网　　址	http://www.cfpress.com.cn	排　　版	义春秋
经　　销	新华书店	印　　刷	北京九州迅驰传媒文化有限公司
书　　号	ISBN 978-7-5047-6731-8/TS·0100		
开　　本	710mm×1000mm　1/16	版　　次	2020 年 8 月第 1 版
印　　张	12.5	印　　次	2020 年 8 月第 1 次印刷
字　　数	252 千字	定　　价	56.00 元

序

食品是人类赖以生存和发展的最基本的物质条件，伴随着经济社会的进步和经济全球化的不断深入发展，人们的饮食文化日益多样化，食品卫生与安全成为备受关注的热门话题。

过去发生的食品安全事件暴露出我国食品安全创新体制的不足和食品安全规制改革的不完善。这不仅仅会降低我国政府相关部门的公信力，也可能使得我国食品出口遭遇绿色壁垒，严重影响我国食品生产和销售等行业的发展。

一、研究意义

习近平总书记发出了建设世界科技强国的时代号召，这是顺应科技革命大趋势的战略抉择，是转变发展方式的迫切需要，也是建设中国特色社会主义事业的必然要求，具有重要的历史和现实意义。广大科技工作者要勇担使命，引领创新，做建设世界科技强国的中流砥柱；要聚焦国家战略需求，攻克制约发展的核心关键技术，为实现两个百年目标和中国梦作出贡献；要树立全球视野，瞄准世界前沿，深化国际合作，实现更多原创性的突破，在科技革命浪潮中勇立潮头；要适应引领经济发展新常态，加速创新创业和成果转化，推动大众创业、万众创新和我国产业向价值链中高端跃升，促进经济提质增效升级；要大力推进科技体制改革，坚决破除制约创新创业的不合理束缚，促进科技创新活力持续迸发；要把人才作为第一资源，打造高素质科技人才特别是领军人才队伍，加大对青年人才的支持，着力提升全民科学素质，为建设世界科技强国提供有力的人才保障。

目前针对食品安全规制体制创新的研究成果较少，传统的食品安全规制研究停留在两个方面：一是关于完善我国食品安全规制体系的研究，包括增强食品安全规制法律体系、质量体系、价格体系、预警体系和信息安全体系等体系建设的研究；二是关于食品安全主体间博弈的研究，主要体现为对生产企业和消费者之间、政府和消费者之间以及政府和企业之间博弈的研究。随着食品安全事件的爆发，政府逐渐加强食品安全规制建设，政府在食品安全规制中的作用以及如何使得规制更加高效，成为食品安全中人们日益关注的问题，本书在兼容食品安全体系研究的同时，主要通过对食品安全规制创新体制改革的研究，丰富了食品安全规制研究的内容，同时，针对目前人们普遍关心的转基因食品安全规制问题作出

中国食品安全科技体制创新与综合改革研究

分析，并且介绍了非政府组织在食品安全规制中的重要作用和监管途径，对目前现有研究的不足做了有益的补充。

中国作为经济日渐发展的大国，在食品方面，人们不再仅仅是对于量的需求，更多的是对于质的追求。尤其是在经历了一系列的食品安全事件之后，食品安全的重要性愈加突出。但由于食品安全的负外部性和信息不对称性，市场的力量微乎其微。此时，需要政府对食品安全进行规制，以满足广大消费者对食品安全性的需求。美国在食品安全规制方面较为成熟，本书通过对中美食品安全规制情况进行对比，结合我国的实际情况进行分析，为我国的食品安全规制改革提供参考思路，有着重要的现实意义。

二、研究方法

数理经济分析和实证分析是经济学研究的重要方法，本书将其引进食品安全规制研究，能够直接表现出食品安全规制体制创新的效果，扩充食品安全规制的理论研究，因此，本书对中国和美国的食品安全规制和进口转基因食品安全规制，用计量模型进行了比较分析；博弈分析适用于对主体间利益关系的分析，本书分析非政府组织对食品安全规制的作用时利用了博弈论的分析方法；同时，本书利用比较分析法、风险分析法，对我国的食品安全科技体制创新现状进行了分析，列举了我国食品安全科技体制创新改革中所出现的问题，借鉴了美国和日本等发达国家在食品安全规制改革中先进的经验，找到了我国食品安全科技体制创新改革中所出现的问题的解决对策，有助于完善我国食品安全规制。

三、研究内容

本书研究内容主要分为6章：第1章为文献综述，主要包括国外文献综述和国内文献综述两个部分，对目前食品安全规制体制创新的理论进行了系统的归纳和总结；第2章为中国食品安全科技创新体制发展现状，主要包括中国食品安全科技体制改革演进路径、中国食品安全科技创新机构分析等内容；第3章为中国食品安全科技创新体制制约因素分析，主要分析了目前中国食品安全科技创新体制中存在的科技发展落后、机构构成不合理、监管体制不明确等问题；第4章为典型国家和地区食品安全科技体制创新经验总结，包括美国、日本和韩国等国家的科技体制创新经验；第5章为中国食品安全科技体制创新及综合改革对策分析，主要包括明确监管体制、完善安全预警体制和信用体制等；第6章介绍了非政府组织对食品安全规制作用的博弈研究，通过构建博弈模型分析非政府组织在食品安全规制中的重要作用。

· 2 ·

本书中的一些内容已发表在期刊上，部分内容与相关人员合作完成，在此向有关刊物和相关合作者表示感谢。

作者

2020 年 8 月

目　录

1 文献综述

食品安全是一个与人类生存密切相关的问题，它涉及资源配置与环境保护、需求满足与社会福利改善等。有关食品安全科技体制创新及综合改革的研究文献，包含了食品安全规制以及科技创新理论等多种理论，国内外学者的观点可以综述如下。

1.1 国外文献综述

1. 对技术创新理论的研究

技术创新的概念历来有狭义和广义之分。狭义的技术创新，仅指生产技术的创新。美国经济学家曼斯菲尔德认为，技术创新是发明在商业上的首次应用；英国学者弗里曼则将技术创新定义为"第一次引入新产品（新工艺）所包含内容的过程"。国际上流行对技术创新作广义理解。1985 年，谬塞尔（Mueser R.）提出"技术创新是以其构思新颖性和成功实现为特征的有意义的非连续性事件"，他认为技术创新是一个从新产品、新工艺设想的产生，到市场运用的串行链式完整过程，包括研究开发、企业化、商品化、产业化等环节。经济合作与发展组织（OECD）1992 年出版的《技术创新手册》及《奥斯陆手册》中，把技术创新定义为：新产品和新工艺以及产品和工艺显著的技术变化。

自熊彼特后，技术创新理论有了很大的发展，国外已经形成模仿论、市场结构论、经济增长论、线性序列论和扩散模式论等技术创新理论。①模仿论。该理论由美国学者曼斯菲尔德提出，主要讨论新技术的推广问题，研究了技术创新与模仿之间的关系以及二者的变动速度，着重研究同一部门技术推广的速度对技术推广中各个经济因素的影响。②市场结构论。美国经济学家卡米恩（Kamien M.）和施瓦茨（Schwartz N.）从垄断竞争的角度做了新的研究，提出决定技术创新的因素有三个——竞争速度、企业规模和垄断力量，提出市场结构处于垄断和完全竞争之间时最有利于市场创新，创新也比较有价值。③经济增长论。德国经济学家门施用现代统计方法验证了熊彼特的理论，指出技术创新与经济繁荣存在逆周期，认为经济萧条是技术创新的主要动力，它促使企业寻找新技术，进行技术创新。经济学家索洛通过进一步研究认为，从第二次世界大战后到 20 世纪

50 年代中期的世界经济增长中，技术创新的贡献大约占 87.5％。④线性序列论。学者为研究方便，一般将技术创新看作一种简化的线性序列过程，有两种模式：一种是科学发现推进型，即从基础研究、应用研究、试验开发到技术创新；另一种是市场需求拉动型，即由市场需求、应用研究到技术创新。⑤扩散模式论。技术的扩散包括三个方面的内容：企业内的扩散、企业间的扩散、国际上的扩散。20 世纪 80 年代，美国学者萨哈尔提出了扩散模式的创新，即学习—理解，就是通过学习进行导入性扩散，通过理解进行规模性扩散，在规模性扩散阶段，新技术的功能和应用范围扩大了，由此可以得出，随着理论解释技术创新客观事实程度的进一步加深，技术创新理论经历了三个阶段的演化。

关于技术创新的动力机制，希克斯（Hicks）提出要素稀缺导致创新的理论，在此基础上，技术创新理论经历了以下三个阶段的演化：①一元论。这一理论分为五种模式：一是技术推进模式，包括熊彼特在内的经济学家认为，科学技术的重大突破是技术创新的原动力，是驱使技术创新活动得以产生和开展的根本动因；二是市场需求拉引模式，美国经济学家施莫克乐（Schmookler J.）研究认为，技术创新是在市场需求的引导下追逐高额利润的经济活动；三是行政推力动力机制模式，这种动力机制的运行过程是从国家计划、部门计划、科研单位研制开发、企业研制到产品推广；四是技术规范—技术轨道模式，英国经济学家多西（Dosi G.）认为，根本性的技术创新会带来某种新观念，这种观念一旦模式化就会成为技术规范，技术规范如果在较长时间内发挥作用、产生影响，就会固化为某条技术轨道，一旦形成技术轨道，持续创新就会在这条轨道上涌现；五是 N—R 关系模式，日本学者斋藤优认为，技术创新的动因在于社会需求（need）与社会资源（resource）间的矛盾。②二元论，即技术创新拉动市场需求的综合作用模式。美国经济学家莫厄里（D. Mowery）研究发现，在大多数情况下，成功的技术创新得益于技术本身的发展和市场需求的推动。③多元论。这一理论分为三种模式：一是 E—E 模式，这种观点认为技术创新活动不但受外界环境影响，还与企业家密切相关；二是 EPNR 模式，这种模式认为在外部环境压力和追求最大效益的内在驱动力的双重作用下，当企业在对环境的辨识和评估中意识到资源和需求之间的矛盾或不适时，就会产生创新；三是国家创新体系模式，这种模式认为创新是一种系统化的行为，制度因素在创新中起着重要作用。

2. 对制度创新理论的研究

马克思认为，生产力是社会生产和人类历史发展的最终决定力量，生产力的发展必然会引起生产关系的变革。但是，生产关系对生产力也有反作用。马克思关于生产力与生产关系的一般原理的阐述，揭示了技术创新是推动经济发展和社会进步的决定性因素，制度创新取决于技术创新的状况及其发展，同时，制度创新又通过促进或阻碍技术创新而影响经济发展和技术进步。戴维斯和诺思在 1971 年出版的《制度变迁与美国经济增长》一书中提出制度创新理论。制度创新理论是从资产阶级垄断竞争理论出发的，并将制度变革引入经济增长过程。该理论认为，所谓制度创新，是指经济的组织形式或经营管理方式的革新，例如股份公司、工会制度、社会保险制度、国有企业的建立等。新制度经济学将技术创新和制度创新都看成一种"创新过程"，经济制度创新被认为是人们为降低生产的交易成本所做的努力。新制度经济学认为，以往认为的经济增长的原因，如技术进步、投资增加、专业化和分工的发展等，并不是经济增长的原因，而是经济增长的现象，经济增长的原因只能从引起这些现象的制度因素中去寻找。对于技术创新和制度创新的关系，新制度经济学认为，制度创新决定技术创新，而不是技术创新决定制度创新，好的制度选择会促进技术创新，不好的制度选择会将技术创新引离经济发展的轨道，或阻碍技术创新。诺思认为，社会的技术和知识存量决定产量的上限，而实际产量还受制度的约束。人们改进技术的持续努力，只有当建立一个能持续创新的产权制度进而提高私人收益时才会出现。诺思在《西方世界的兴起》一书中指出"有效率的经济组织是经济增长的关键，一个有效率的经济组织在西欧的发展正是西方兴起的原因"。书中有关制度创新的研究主要侧重于从制度的效率（需求）与供给方面展开。戴维斯和诺思（1971）认为，更有效率的制度能够带来潜在的收益，或者减少成本（规模经济、外部性的内在化、降低不确定性和风险以及交易费用的节约），对这些潜在的"获利能力"的追求决定了制度创新的必然性。拉坦（1978）较为明确地提出了制度变迁的供给观点，并且和速水佑次郎在其诱致性变迁理论中增加了影响制度创新供给的因素等内容。诺思（1981）用国家理论解释了无效率制度的存在，详细讨论了组织（与人们）的行为对制度变迁的决定作用。阿瑟（1988）提出自增强机制的多态均衡（Multiple Equilibrium）和可能无效率（Possible Inefficiency）理论。戴维菲尼（1988）把制度安排及其利用程度视为内生变量，对制度的供给和需求做了详细的因素分析。在他的理论框架中，影响制度变化的供给因素被归纳为八个方面：宪法秩序、现存制度安排、制度设定成本、现有知识积累、实施新安排的预期成本、规范性行为准则、公众态度、上层决策者的预期净收益。林毅夫（1994）提出强制性制度变迁理论。

3. 关于对食品安全问题的研究

食品安全是一个不断发展的概念。国外对食品安全问题的认识经历了一个由侧重食品数量安全到侧重食品质量安全的转变过程。1974 年，联合国粮食及农业组织（简称"联合国粮农组织"，缩写 FAO）等机构举行的世界粮食会议，将食品安全定义为：所有人在任何情况下都能获得维持健康的生存所需的足够食物。同时，学界的研究范围由地区和国家的食品安全问题推广到国际和世界的食品安全问题，力图通过加强国际上农业科研、贸易、资金和技术等方面的交流与合作，提高各国对世界食品安全问题的重视程度，并切实保障食品安全政策的落实。1975 年，国际食物政策研究所（IFPRI）成立，致力于研究世界各国特别是低收入国家和这些国家低收入人群的食品安全战略和政策。1983 年，FAO 前总干事爱德华·萨乌马将食品安全的最终目标解释为，确保所有人在任何时候既能买得到又能买得起他们所需要的基本食品。这一概念主要强调了一国的食品供给数量能否满足其人口基本需要的问题，并且更关注社会弱势群体（如穷人、妇女和儿童等）的食品可获得性，以避免和减少饥荒和营养不良现象的发生，因而与缓解和消除贫困问题之间存在着紧密联系。D. Gale Johnson（1982）等认为，食品安全的重要性表现在两个方面：一是军事和战略需要，二是缓解重大自然灾害发生时的食品需求缺口。Sen（1981，1984）从发展经济学的角度进行了深入分析，指出应通过赋予社会和个人公平的权利与能力，并在经济发展过程中扩展这种权利和能力，从根本上改善食品安全状况，而不能仅仅依靠增加食品供给。

从 20 世纪 80 年代开始，学界对食品安全研究的重点由国家行动转向市场行为，由生产行为与供应总量拓展到消费行为与分配状况等，即强调保证"每一个家庭都有获得粮食的能力"，同时逐步加强了对食品品质、食品卫生与营养安全，以及食品获取与环境保护之间关系等问题的重视。IFPRI 的 Von Braun 等（1992）在对食品安全的研究中指出，食品安全除了基本的食品获取安全外，还包括健康、卫生的环境以及对社会弱势群体照顾的能力等因素。Vandana Shiva 等（1994）研究认为，食品安全一直以来都意味着足够的、安全的、营养的食品。1984 年，世界卫生组织（WHO）在《食品安全在卫生和发展中的作用》中，把食品安全与食品卫生作为同义语，将其定义为"生产、加工、储存、分配和制作食品过程中确保食品安全可靠、有益健康并且适合人消费的种种必要条件和措施"。1996 年，WHO 在《加强国家级食品安全性计划指南》中，对食品安全与食品卫生这两个概念进行了区别，其中食品安全被解释为"对食品按其原定用途进行制作或在食用时不会使消费者受害的一种担保"，食品卫生则指"为确保食品安全性和适合性在食物链的所有阶段必须采取的一切条件和措施"。

4. 食品安全规制的必要性研究

（1）食品安全规制中的外部性问题

市场机制条件下，当个人从事一种影响他人福利而对这种影响既不付报酬又得不到报酬的活动时就产生了外部性。如果对他人的影响是不利的，则称为"负外部性"；如果对他人的影响是有利的，则称为"正外部性"（Mankiw，1997）。

外部性问题是由马歇尔于 1890 年在其《经济学原理》中首先提出来的，后来经庇古等学者的发展和完善，最终形成外部性理论。

根据外部性理论，私人（企业）的经济活动可能对外部产生影响。这种影响是普遍存在的：正外部性使他人减少成本，增加收益；负外部性使他人增加成本，减少收益。早在外部性理论形成之前，Mill（1848）就举了一个著名的"灯塔效应"的例子；接着，庇古（1920）举了一个铁路边的稻穗因飞驰而过的火车溅出的火花受害，而铁路部门无须向受损农户提供补偿即可继续运输活动的例子，解释负外部性的概念；后来，Meade（1952）举了一个更令人拍案叫绝的养蜂人和果园主"双赢"的例子来解释正外部性：养蜂人的到来增加了果园的产量，反过来，果园的扩大又会增加养蜂人的收益。

需要政府规制的外部性问题主要是负外部性。外部性理论认为：如果某种物品不能被市场化，或者某些成本不被买者或卖者所考虑，则市场对资源的配置就不可能是有效率的。因为个人或厂商减少"旁观者"的福利而无须对其进行补偿，会助长为追求私人福利最大化而滥用公共资源或损害"旁观者"福利的行为。Hardin（1968）举出因外部性引起"公共地悲剧"的例子，认为解决外部性问题需要借助政府的力量，发挥政府在配置资源方面的作用，遏制或消除负外部性对公共利益和"旁观者"福利的影响。如果外部性问题得到抑制，那么社会整体和"旁观者"的福利将得到改善。

食品行业正是具有很强外部性的行业。企业提供数量充足而且质量优良的食品，将会提高消费者的整体健康水平，反之，如果会对消费者健康造成损害的食品充斥食品市场，就将导致公共食品危害事件的产生，这不仅会对食用的消费者带来身体上的损害，更重要的是，会造成消费者的集体恐慌，导致某类食品的消费量剧减或某个品牌商品的突然消失，进而对国民经济造成重大影响。

例如，Svein Larsen, Wibecke Brun, Torvald Dgaar 和 Leif Selstad（2006）研究了疯牛病对各国经济造成的影响，他们指出：1996 年 3 月 20 日，英国政府宣布英国 20 余名克罗伊茨费尔特—雅各布病患者与疯牛病传染有关，引起了世界的震惊。为此，英国将疯牛病疫区的 1100 多万头牛屠宰处理，造成了约 300 亿美元的损失，并引起了全球对英国牛肉的恐慌。2003 年 5 月，加拿大发现了本土第一例疯牛病，之后，美国等国禁止从加拿大进口活牛及牛肉制品。据估计，截至 2004 年，这已给依赖出口的加拿大养牛业造成约 42 亿美元的经济损失。2001 年 9 月，疯牛病在日本被发现，据估计，2002 年日本农场的收入同比下降了 1310 亿日元，同时肉类的销售额减少了 1600 亿日元，日本、韩国烤肉餐馆的销售额下降了 740 亿～900 亿日元，疯牛病的爆发对日本有关行业造成的损失总额达 3650 亿～3810 亿日元。

（2）食品安全规制中的信息不对称问题

信息不对称理论是英国剑桥大学教授詹姆斯·莫里斯和美国哥伦比亚大学教授威廉·维克瑞于 20 世纪六七十年代在信息经济学研究中提出的重要理论，两人因此于 1996 年获诺贝尔经济学奖。这一理论直接推翻了"交易各方拥有完全对称的信息"这样一个完全竞争的自由市场的假设前提，揭示了不对称信息结构下的市场失灵现象。

信息经济学的研究表明，几乎所有经验商品的市场交易都是在信息不对称的情况下进行的。在不对称信息结构（如食品交易）中，处于信息优势地位的一方（如销售者）容易利用对方的"无知"，侵害对方的利益而谋求自己的利益，而处于信息劣势的一方（如消费者），由于担心受骗，就对交易持怀疑态度。这样，就可能造成交易的困难，或造成对信息劣势一方利益的侵害，无法实现公平交易。而造成信息不对称的主要原因，包括拥有信息优势的一方对信息的封锁或有意误导、搜寻成本等对信息劣势方构成的信息搜寻障碍，以及社会分工和劳动分工造成的交易各方知识水平的差异等。

根据信息不对称理论，信息不对称会引起道德风险和逆向选择，使市场无法实现对资源的优化配置，产生市场失灵。

所谓道德风险，是指已经为防范风险支付了一定成本的人，由于风险的发生不会再增加（至少是不会再较大增加）自己的成本，而收取成本的一方会失去合作的动机，从而使风险发生的概率增加，可能使后者增加成本的一种现象。在法律上，这可以被认为是履行合同时违反诚实信用原则和协助履行原则的行为。

Rothschild 和 Stiglitz（1976）对保险市场道德风险问题进行了深入研究，发现了与 2001 年获诺贝尔经济学奖的另一位学者乔治·阿克尔洛夫在 1970 年发表的著名论文《柠檬市场：质量的不确定性和市场机制》中揭示的旧车市场上"劣质品驱逐优质品"类似的"逆向选择"问题。

事实上，不对称信息结构下的市场失灵及其对信息劣势方利益的侵害和对效率的损害，不仅表现在保险市场上，还表现在食品市场上，相对于其他产品的质量特性，食品具有自己的特殊性，买卖双方同样面临对食品安全信息了解不完全的问题。对此，Antle（1995）曾分别称之为"不对称不完全信息——仅对消费者信息不完全"和"对称不完全信息——生产者和消费者双方信息都不完全"。

按照尼尔逊等人（Nelson，1970；Caswell and Padberg，1992；Von Witzke and Hanf，1992）的观点，从消费者获得商品信息的途径来看，食品既是一种"经验品"，又是一种"信用品"。对于食品这种经验品，消费者在购买之前缺乏充分的质量信息，只有在购买之后才能认识到产品的质量特性，或者经过长期购买所积累的经验才能判断出其质量特性。

但国外也有学者反对食品市场中的政府干预，Grossman（1981）认为，尽管食品消费的信息不对称情况的确存在，但消费者通过消费能够掌握食品的质量信息，仍可取得与市场信息充分公开状态下同样的结果，因为通过市场信誉机制可形成独特的高质量高价格的市场均衡状态，所以不需要通过政府来解决食品市场的质量安全问题。

（3）食品安全规制利益主体间的博弈

英国里丁大学的 Henson 博士（1973）和美国马萨诸塞州立大学的 Caswell（1974）认为，食品安全规制政策的选择是国内外消费者、农场主、食品制造商、食品零售商、政府、纳税人等利益集团博弈的结果，不同利益集团对食品安全的规制重点有不同观点，而且对规制效果也有不同的评判标准，政策制定者不得不设法平衡这些利益集团的利益需求。因此，"政府关注的食品安全问题的领域不一定就是与消费者健康关系最密切的领域"，实际上，政府食品安全规制的政策、手段可能更多地出于政治上的考虑，比如"为了恢复公众对其执政能力的信任"等。

5. 食品安全规制的俘虏理论

作为规制政策的制定者和实施主体，政府所发挥的作用及其在规制过程中的有效性，一直是学界研究的焦点。政府对企业进行食品安全规制的主要目的在于减少食品的不安全因素，通过检查提高企业对食品风险的认识，并对不遵守相关法规的企业进行处罚。但是，很多学者对政府在食品安全规制中的有效性持有不同看法。Viscusi（1979）对美国政府的食品安全规制政策进行研究后，指出政府的规制政策对于降低食品风险并没有直接的影响。还有学者认为，在食品安全规制过程中，规制机构和被规制者往往面临着私人利益和公众利益的冲突，规制机构很可能被被规制者俘虏。Keiser（1980）指出，从理论上看，尽管规制政策的制定和实施是独立的，但是规制的执行过程却具有政治色彩。当规制机构依赖被规制行业的政治支持时，就很容易出现规制俘虏，规制机构在对企业进行规制时就会出现违反规制条款的情况。

6. 食品安全规制成本效率研究

为了使食品安全政策发挥最大效能，近年来发达国家开始对食品安全规制进行成本—效率分析。1995 年，美国农业部（USDA）成立了规制评估和成本收益分析办公室，其他许多国家也采用了一些规章性的审核，所有 OECD 成员方的政府部门都已要求使用一些科学方法对规制进行评估。Arrow 等（1996）提出了环境、健康和安全管制的成本收益分析原理。Antle（1995，2000）提出了有效食品安全管制的原理，并结合 Rosen 的竞争性企业生产质量差别的产品模型和 Gertler、Waldman 的质量调整成本函数模型，构建了肉类企业的理论和计量经济成本函数模型，希望能够检验"产品安全性不会影响生产效率"的假设。经过对厂商调查数据的分析，Antle 发现这个假设并不成立。通过分析食品安全规制对牛肉、猪肉和家禽等不同产品产生的影响，Antle 认为大部分企业实施食品安全规制的成本会超过美国农业部估计的其所能获得的收益，只有少数小企业的规制成本与收益是持平的。其他学者如 French、Neighbors、Carswell、Willianms 和 Bush 估计了企业履行食品加贴标签法规的成本。

同时，部分学者也对实施危害分析与关键控制点（HACCP 体系）或者 ISO 系列质量管理体系的效益进行了分析和评价。英国的学者在这个领域进行了大量研究，代表人物有英国里丁大学的 Henson 教授等。Ehiri、Morris 和 McEwen（1997）的研究表明，虽然实施 HACCP 体系可能降低产品召回率、节约时间和资源，但是规制机构并没有就此向食品企业提供令人信服的研究证据。因此，政府应该加强 HACCP 体系的成本—收益研究，向食品企业表明实施 HACCP 体系能够获得的效益，从而提高企业积极性。Holleran、Zaibet 和 Bredahl（1997）的研究表明，一是认证成本不会成为企业实施质量管理体系（QMS）的限制因素，二是实施质量管理体系认证会使生产成本向供应商转移，从而为中间加工商和消费者双方带来收益。Henson、Holt 和 Northen（1999）的实证调研表明，英国乳制品加工业申请和实施 HACCP 体系的主要成本是员工根据 HACCP 体系的要求建立文件、记录、档案的成本，实施 HACCP 体系后最主要的效益体现为提高企业留住现有客户的能力。

7. 关于食品安全科技方法的研究

2002 年，在首届全球食品安全管理者论坛上，联合国粮农组织经济社会司助理总干事德·哈恩博士（Hartwig de Haen）强调了建立食品安全体系的重要性，呼吁所有国家都要建立和强化食品安全体系，而且要加强合作。

2004 年 10 月，FAO 和 WHO 在泰国曼谷联合召开了"第二届全球食品安全管理人员论坛"，主题仍是"建立有效的食品安全系统"，主要有两个分主题：一是加强官方食品安全监控机构建设，二是建立食源性疾病的流行病学监视和食品安全快速预警系统。论坛的主要观点：一是所有国家必须考虑消费者的利益，使消费者能够参加培训、决策以及国家食品安全系统的发展、调整和实施活动；二是应当通过建立国家级食品安全咨询机构来获得关于在整个食物链中保护食品安全的政治承诺；三是国家和地方的互动和协调对于实施国家食品安全体系而言极为重要；四是当国家能够制定和执行综合有效的国家食品安全政策时，在区域内或国际上与食品安全管理人员分享这些政策，能够使国家强化政治决心，同时促进食品安全保障建设；五是国际食品安全部门网络可提供信息和技术支持，各国应尽快加入该网络，分享相关信息；六是应将生物反恐引入食品安全管理系统。

由于食品市场有着不同于其他产品市场的多个重要特征，因此食品安全规制不同于一般消费品的规制，除要依靠市场主体建立在维护自身利益基础上的自律来规范，更要依靠政府超经济的强制力量来规范。在食品安全的政府规制上，发达国家建立了适合本国且与国际接轨的食品安全与农产品质量规制体系：横向规制体系以各种法律法规健全、组织执行机构配套、政府和企业逐步建立"危害分析与关键控制点（HACCP）"的预防性控制体系为特征，纵向规律体系以"从农田到餐桌"的全过程规制为特点。在规制手段上，强调制度手段与行政手段等多种手段的组合。制度手段主要包括以下几种：一是制定、完善食品安全标准，既包括产品本身的标准，也包括加工操作规程等标准；二是建立检验检测体系；三是实施市场准入制度；四是落实严厉的法律责任制。行政手段包括监督检查，如卫生抽查、罚款、查封、扣押和禁止销售、禁止移动等强制性措施；食品安全教育宣传；生产操作培训；组织、支持和鼓励食品安全方面的科研合作等。

根据各国食品安全形势、食品行业特征、消费者消费行为模式的不同，各国对食品行业的规制模式也有很大差异。英国要求产业链下游的企业对其供应商实行"尽职调查"，以利用零售商的影响力对上游企业的食品安全行为形成制衡。加拿大积极鼓励食品企业建立以风险分析为基础的 HACCP 食品安全管理体系。澳大利亚食品安全规制体制中的一个关键理念是"合作规制"（Co‐regulation），其将食品行业、研究机构和普通民众纳入规制体系的设计。

8. 食品安全科技体制模式研究

世界各国和各地区大致形成了两种食品安全规制模式，即以美国为代表的多部门共同负责的模式和以欧盟、加拿大为代表的由一个独立部门进行统一管理的模式。发达国家普遍建立了完善的 HACCP 管理方式，开展基于风险分析的食品安全控制、检测与管理活动。例如，美国农业部食品安全检验局（FSIS）为提高畜禽类产品的安全程度，实施综合策略，改造已有多年历史的检测体系和检测方法，以实现检测现代化；同时，建立新的食品安全体系，规定所有州的畜类和禽类的屠宰场和加工厂必须制订 HACCP 计划，以及所有州受监督的畜类产品和禽类产品生产企业必须建立书面的卫生标准操作程序（SSOP）等。国际食品微生物标准委员会（ICMSF，2001）提出，用食品安全目标（FSO）来定量描述满足一定食品卫生要求的不同工艺之间的差异，以及按照食品安全目标的要求规范生产管理，建立危害管理模式。对于转基因食品的管理，国外采取的模式基本上可以分为两类：一是北美的供给推动型（Supply‐Push）管理，强调以科学为依据，重视对最终产品的管理，主张实行自愿标签（Voluntary Labeling）制度；二是以欧盟、日本为代表的需求拉动型（Demand‐Pull）管理，主要建立在预防原则的基础上，主张对生产过程进行管理，要求实行强制标签（Mandatory Labeling）制度。

1.2　国内文献综述

从 19 世纪中叶英、美等国政府对铁路行业的规制算起，政府规制实践已有一个半世纪以上的历史，但政府规制理论的系统研究不过几十年，远远滞后于实践。中国有关政府规制的理论研究起步更晚。1983 年，台湾学者翻译出版了美国学者卡恩的著作——《管制经济学》；1989 年，潘振民翻译了美国学者乔治·施蒂格勒的著作——《产业组织和政府管制》；此后，国内学者纷纷介入这一研究领域，涌现出一批较有代表性的专著和优秀的学术论文。这些专著和论文成果，丰富并深化了中国的政府规制理论研究，推动了中国政府规制的改革实践。概括来说，中国政府规制研究主要集中在以下几点。

1. 创新理论的综述

1973—1974 年，北京大学经济学系的内部刊物《国外经济学动态》，专文介绍了熊彼特的创新理论，这可以说是国内对熊彼特的最早介绍。在 1981 年由中国社会科学出版社出版的《国外经济学讲座》一书中，张培刚、厉以宁两位教授再次向人们介绍了熊彼特的创新理论以及熊彼特以后创新理论的发展。1987 年后，国内一些学者逐渐认识到技术创新的重要经济意义。

1992 年，清华大学傅家骥等在其主编的《技术创新》一书中，将技术创新定义为：企业家抓住市场的潜在盈利机会，以获取商业利益为目标，重新组织生产条件和要素，建立起效能更强、效率更高和费用更低的生产经营系统，从而推出新的产品、新的生产工艺（方法），开辟新的市场，获得新的原材料或半成品供给来源或建立新的企业组织，包括科技、组织、商业和金融等一系列活动的综合过程。1999 年，《中共中央、国务院关于加强技术创新，发展高科技，实现产业化的决定》中将技术创新定义为：企业应用创新的知识和新技术、新工艺，采用新的生产方式和经营管理模式，提高产品质量，开发新的产品，提供新的服务，占据市场并实现其价值的行为过程。

20 世纪 90 年代，林毅夫（1992）将希克斯的假说扩展为一类禁止土地与劳动进行市场交换的经济，提出这类经济中要素的相对稀缺性对技术选择的影响，和土地与劳动的市场交换不受禁止的经济类似。在破解为什么科学和工业革命没有在近代的中国发生这一"李约瑟之谜"时，林毅夫认为，问题的根源在于中国科举制度的激励结构将人们的创造力引离了科学技术的发明创造，大大减弱了人们从事技术创新的活力，从而阻碍了现代科学技术在中国的成长。

牛若峰（2006）认为，农业科研体制实质上是为提高农业科研体系整体功能的关于组织结构和运行机制的一系列制度安排，并按各国农业科研体制变迁过程分为需求诱致性体制和政府强制性体制。

关于农业科技进步与创新的研究，朱希刚（2002）提出了农业科技进步贡献率的测算方法，用公式表示为：农业科技进步率＝农业总产值－因新增投入量产生的总产量增长率；农业科技进步贡献率＝农业科技进步率/农业总产值增长率。朱希刚利用此方法测算出我国农业科技进步率从"一五"的 20％增加到"九五"的 40％。

黄季焜等（2000）从农业、农业科技、农产品各种特征方面论证了政府是农业科技投资的主体和农业科技产业化的主体（农业企业承担不起这一重任），有效的农业科技创新体系要依赖国家的公共投资。农业科技的知识创新体系的主体是政府的公共研究部门或应以政府的公共研究部门为主；农业技术创新体系的主体在今后相当长的一个阶段内还将是政府的公共研究部门；企业成为农业技术创新体系的主体有许多条件，我国在今后相当长的一段时间内还无法实现这些条件。

钱克明（2010）研究提出，对农业科研的投入具有很高的回报率，政府每增加 1 元的农业科技投入，可减少农牧户 9.35 元的成本投入；中国农村公共投资分配政策的优先顺序应为：科技＞教育＞基础设施。另外，钱克明还提出，针对农业科技投资收益在时间和空间上存在的不同外部性，应采取相应的制度安排和政策设计，鼓励和规范政府的投资行为，对于时间上的外部性导致的应届政府的投资短视，应通过立法在制度层面解决；对于空间上的外部性导致的当地政府的投资抑制，应由中央政府投资加以弥补；在建立私人部门的投资激励机制方面，应加强知识产权保护，取消对企业投资于农业科技的限制，鼓励和引导企业投资于农业科技推广。

辜胜阻、黄永明（2000）认为，农业技术创新的显著特点：一是农业技术创新以生物技术为主，辅之以信息技术等；二是创新周期长；三是创新风险受自然条件影响，其效益具有社会性；四是农业生物技术具有公共产品的特性；五是创新受地域环境影响；六是技术转移推广受农户经营规模制约；七是技术需求受农民素质约束；八是技术与经济"两张皮"的现象比工业技术创新严重。

20 世纪 90 年代后期，国家创新体系的理论传入中国，相关课题研究、论文和著作不断涌现，以柳卸林（1998）的论文《国家创新体系的引入及其对中国的意义》、冯之浚（1999）主编的《国家创新体系的理论和实践》和李正风等（1999）著的《中国创新系统研究——技术、制度与知识》为代表。王春法从发达国家创新体系的历史演变和发展趋势的角度分析，提出技术创新的政策理论基石和工具选择。部分学者开始将国家创新体系理论移植到农业科技创新上来。解宗方（1999）提出双轨三力互动模型，强调只有政府才能从宏观上设计并提供产生技术创新的公共制度，同时倡导和建立一种能够大大降低交易费用的土地产权和农地经营制度，最大限度地将农户采用新技术的潜在利益内部化，增强农户对技术创新的需求。政府的科技推动力、市场牵引力与科技系统内驱力三者互动，可以产生强大的科技创新合力。

2. 关于食品安全问题的研究

在我国，受某段时期粮食短缺的影响，许多学者界定"食品安全"都是从"粮食安全"开始。在《中国粮食经济》的《专家谈食品安全》栏目中，数位专家都将"粮食安全"视为"食品安全"。甚至某些领域的院士，也曾将与"粮食安全"相近的"食物安全"理解为"食品安全"。随着经济的发展以及人们生活水平的提高，越来越多的学者开始将研究重点转向食品的质量安全。大部分学者认为食品安全的内涵可分为两个层次：一是食品供给安全，它涉及食品供给数量的保证，以满足人们的基本需求；二是食品质量安全，它涉及食品质量的保证，以避免食品含有有害物质，从而对人体造成危害。一般认为，食品质量安全和食品供给安全是两个不同的议题，但二者也有一定的联系，对人类健康都有重要影响。食品供给安全是以保障供给为目标的；而食品质量安全则是在保障食品供给的基础上，防范食品中的有毒有害物质对人类健康产生影响。

对于食品安全的科学内涵，不同学科也有不同表述：第一，食品安全是个科学概念。食品安全离不开科学技术的发展和进步，它涉及生物、化学、医学、物理学等学科，以及公共卫生科学。每一次食品安全大的进步，都与科学技术进步带来的人们对新的病菌或危害的认识有关，或是食源性疾病的爆发引发人们对公共卫生、食品加工和处理方法的重视。第二，食品安全是个政治概念。无论是发达国家还是发展中国家，食品安全都是企业和政府对社会最基本的责任和必须做出的承诺。食品安全与生存权紧密相连，具有唯一性和强制性，通常属于政府保障或者政府强制的范畴。第三，食品安全是个经济概念。食品作为一种必需品，有着无可替代的巨大市场。无论是在国外市场还是在国内市场，随着人们富裕程度的增加，食品贸易不断增长，一方面带动了全球食品工业经济的发展，另一方面疯牛病等食源性疾病的爆发又对世界经济产生了严重的负面影响。第四，食品安全是个法学概念。市场失灵会导致政府干预，这种干预大多是以法律规制的形式出现，依靠国家强制力来保证实施的。张涛（2009）从食品安全问题会损害社会公共利益、符合经济法调整对象的性质等角度提出，食品安全保障需要国家运用经济法进行干预。

此外，还有部分学者从环境、生态、社会等层面对食品安全进行了界定。张文学、杨立刚（2003）在对食品与环境之间的关系进行分析的基础上，提出了

"食品安全的环境责任"的概念。吴泳（2003）将食品安全提高到生态安全的层面，并用生态文明的理论对食品安全做了探讨。周小梅（2007）等从经济学角度对现代食品安全问题进行了多层面分析，认为食品安全问题是现代生产和消费方式的产物。李少兵、刘冬兰（2005）认为食品安全是一个社会性概念，是食品在生产、加工、储存、分配和制作过程中，确保安全可靠、有益于健康并且适于人类消费的种种必要条件和措施，是食用时不会使消费者健康受到损害的一种担保；食品安全可看作一种"社会约定"，这种"约定"涵盖了食品生产、流通、消费及消费效应的全过程，既包括生产安全又包括经营安全，既包括结果安全又包括过程安全，既包括现实安全又包括未来安全。

3. 食品安全规制影响因素的研究

刘雯、方晓阳（2004）分析了生产和流通对食品安全和农产品贸易的影响，认为当前我国消费流通领域的法规与法律体系不完善、食品流通市场规范化标准化程度不高、食品安全控制的技术水平和管理水平较低，是导致食品流通二次污染的主要原因。徐晓新（2002）从食品流通链条出发，以信息不对称理论为理论基础，分析了食品安全问题的成因，认为食品生产和流通链条中存在的信息不对称以及食品加工过程中的质量控制不完善，是食品安全问题产生的主要原因。陈兴乐（2004）认为，政府监管投入成本过高、监管体制与机制不到位、部分监管人员责任心不强、监管信息不畅、婴儿营养不良病监测与预警机制失灵等，是我国食品安全监管中存在的主要问题。王志刚（2003）、周洁红（2004）等对消费环节中的食品安全问题及影响因素做了研究，分析了不同特征的个体消费者对食品安全的认知程度及其消费行为的特点，认为消费者的收入、安全忧虑度、对绿色食品的了解度、对健康信息的关注度等是影响其选择政府食品安全信息管制方式的重要因素。

陈君石（2003）、刘新芬（2007）、谢敏和于永达（2002）也从环境、消费、管理、生物、技术等角度分析了导致食品安全问题的主要因素，认为目前影响我国食品安全的主要因素是微生物污染所造成的食源性疾病，如沙门氏菌等引起的食物中毒；另外是农药、兽药、生长调节剂等农用化学品的不当使用，导致农作物和畜产品中农、兽药残留超标。在以上表征危害因素的基础上，大量学者将化学性污染、微生物污染等因素细化到食品生产、加工、流通、销售、食用等环节，认为食品供应链各环节的不安全因素是导致食品安全问题的主要因素。周婷等（2005）认为食品从生产加工到消费者食用要经过种植、养殖、生产、加工、运输、销售、烹饪、食用过程，任何一个环节出了问题均会导致食品在食用后影响人体健康。从食品的生产到上桌全过程的监管未能连成紧密的链条，是食品安全问题产生的根本原因。王红玲（2003）认为导致食品不安全的因素主要有四个方面：生产过程中的食品不安全因素、加工过程中的食品不安全因素、包装容器对食物的污染、生产经营者在食品中掺杂掺假。

另外，部分研究人员从政府规制方面对食品安全问题产生的深层次原因进行了分析。张志健（2015）在对中美食品安全规制体制进行比较研究后发现，中国食品安全体系与美国在法律标准、组织体系、技术保障体系等方面尚存差距。李怀（2008）分析了中国食品安全规制存在的制度缺陷：缺乏专业的规制部门；生产者和消费者之间存在严重的信息不对称；食品安全制度缺乏创新激励；食品消费者只具有有限理性，食品生产者机会主义特征明显；制度执行不力等。

4. 食品安全规制体系研究

郑风田和赵阳（2003）、张永建（2005）等提出加快建立中国食品安全规制体系的建议：尽快建立健全食品安全法律体系，统一协调、权责明晰的监管体系，食品安全应急处理机制，完整统一的食品安全标准和检验检测体系，食品安全风险评估评价体系，食品安全信用体系，食品安全信息监测、通报、发布的网络体系、中介及研究单位的推动体系等，以促进食品安全水平的全面提高。汤敏、茅于轼（2002）从类似的角度为构建首都食品安全控制体系提出了建议。叶永茂（2004）认为应从改革食品安全规制体制和运作机制、加强食品安全立法、建立强制性的食品安全标准化体系等方面着手，建立中国食品安全质量控制体系。

5. 食品安全科技方法研究

与国外不同，国内学者在研究我国食品安全的政府规制上，主要集中于对政策层面的描述及对现有政府规制失灵现象的分析。周洁红、姜励卿（2004）提出：一是食品质量安全规制要法制化；二是推动不同规模、组织的生产者发展安全蔬菜供给推广速测技术，创建专销网点，实施产地标识制度，试行追溯和承诺制度；三是加强消费者教育；四是完善保障体系，包括健全标准体系、完善检验检测体系、加快认证体系建设、加强技术研究和推广、建立信息服务网络。袁妮、邵蓉（2006）分析了在食品安全相关法规政策和食品安全标准的制定、食品安全生产环境的建设、食品安全技术的科研与开发、食品市场监督与规制方面，政府的调控作用与市场的调节作用。陈兴乐（2004）在分析"阜阳奶粉事件"暴露问题的基础上，提出了我国食品安全监管体制与机制创新的构想。

周德翼、杨海娟（2002）从食品安全规制中信息不对称角度分析了政府监管机制。徐晓新（2002）提出了完善食品安全标准、建立食品安全规制机构、发挥中介组织作用、促进消费者参与等的对策及措施。张云华等（2004）在对山西、陕西和山东共15个县（市）353个农户采用无公害及绿色农药行为的影响因素进行计量经济分析后，提出政府应通过有效的政策机制设计和制度变革来促进农户对无公害和绿色农业技术的应用。

谢敏、于永达（2002）基于对食品安全问题中的市场失效情况分析，认为应有重点地加强各个环节的监督，食品监督的成本应该由消费者和厂家承担一部分。张志健（2015）提出在对食品安全进行规制的过程中，管理体制、管理手段的建立应从食品安全问题的市场特征出发。

程启智、李光德（2004）从新制度经济学的分析方法出发，提出了尽可能消除信息的非对称性、实现产权的充分界定、建立有效的政府规制综合体系、强化外部规制资源的作用、对负内部性进行多方规制、切断成本外溢渠道、实现政府规制成本最小化等完善我国食品安全社会性规制的措施。

索珊珊（2004）研究了政府在食品安全预警及危机应对过程中的角色扮演问题，认为政府应通过在社会生活领域健全信誉体系，在市场管控过程中充当"信息桥"，建立快速应对机制，部分消除信息不对称因素对食品安全造成的负面影响，为普通消费者提供一个可信任的信息平台，构建一个安全的食品市场。

左京生（2008）分析了在流通环节实行目录准入制度对提高食品安全控制力的作用。赵林度（2005）在对功能食品市场环境进行分析的基础上，从增强食品可追溯性和构筑信用体系两个角度，分析了功能食品安全营销控制策略。梁小萌（2003）从对外贸易角度分析了食品安全政府规制的重要性。程言清、黄祖辉（2003）及魏益民等（2005）借鉴美国、澳大利亚等国经验，建议从完善食品召回法规、规范食品召回程序、建立食品溯源制度等方面来构建中国食品召回体系。

与HACCP在国外备受关注的情形相类似，我国对HACCP体系的研究，主要集中在HACCP食品安全管理体系在保证企业产品质量中的作用以及如何在某类食品行业如肉制品加工业、方便食品制造业、罐头制造业中建立HACCP体系方面，但是，也有些学者开始探讨食品企业HACCP体系实施的行为特征，比如白丽等（2005）通过实证研究考察了实施HACCP体系的食品企业的特征，为进一步探讨食品企业HACCP体系实施的影响因素奠定了基础。于海燕等（2005）探讨了在冷却肉生产过程中实施HACCP体系的作用，描述了HACCP体系的建立步骤，确定了生猪屠宰加工中的关键控制点；宋杰书（2005）阐述了在传统白酒酿造企业中实施HACCP管理体系的趋势和建立HACCP体系的主要过程。张菊梅等（2004）分析了HACCP计划实施前、实施过程中和实施后可能存在的潜在障碍，但是他们的分析还是以理论分析为主，其结论还需经过进一步实证研究。同时，程静等（2007）对加入WHO对我国食品安全的影响进行了分析，认为在食品行业采用HACCP体系是行之有效的方式。在进出口食品安全管理方面，管恩平、周长桥（2007）认为，应着重加强对出口国食品安全管理体系以及生产加工企业可能存在的各种风险因素的评估，在此基础上有针对性地开展口岸入境检测和后续市场监督抽查，并通过预警系统实现有效的风险控制。李玉霞等（2004）对大型会议食品安全管理模式进行了研究。熊敏（2005）对 HACCP 体系在餐饮业的实施做了探讨。左睿（2002）依据 HACCP、ISO 等国际标准，对各要素进行整合，提出了适用于航空食品企业的综合管理模式。陈蕙颖、朱金福（2005）就航空食品安全控制应注意的问题进行了探讨。

另外，还有其他一些食品安全规制方面的模式。邓明等（2005）采用公共卫生管理学及预防医学方法，提出了"企业自评—监督所现场指导—企业整改—专家定级"的食品卫生监督量化分级管理模式。周陆军、李旭等（2005）分析了建立食品安全控制与信息追溯系统模式的重要性。

针对出现的食品安全事件，许多学者进行了深入分析，并提出了解决对策。针对"阜阳奶粉"事件，陈兴乐（2004）认为，我国食品安全规制体制缺陷是"阜阳奶粉"事件发生的主要原因。针对如何解决"苏丹红"问题，王晓红、高齐圣（2007）指出，从农场到餐桌进行全过程规制可避免类似"苏丹红"事件的再次发生；包旭云、李帮义和李惠娟（2006）提出，可以从供应商管理角度防止"苏丹红"类似事件；林朝辉（2007）和吴陈赓（2006）利用博弈论方法分析了"苏丹红"事件，以及博弈与信息不对称条件下的企业决策；周峰、徐翔（2007）认为必须建立完善的食品信息追溯制度。针对 2008 年 9 月出现的"三鹿奶粉"事件，2008 年 10 月 10 日国务院明确规定生鲜乳收购市场将实行准入制，同时质检总局 10 月 18 日公布第 109 号总局令，决定自公布之日起，废止《产品免于质量监督检查管理办法》（国家质量监督检验检疫总局①令第 9 号）。时任全国人大法律委员会副主任委员刘锡荣 2008 年 10 月 23 日指出，针对"三鹿奶粉"事件的发生，食品安全法草案重点做了 8 个方面的修改，以从法律制度上预防和处置这类重大食品安全事故。

1.3 结论与展望

综合以上研究，可以厘清食品安全规制研究的总体发展脉络：对食品安全规制问题的研究缘起于外部性和信息不对称性，发展于食品安全实施主体和成效的研究，目的在于构建更为合理和完善的食品安全规制体系。近年来，有关食品安全规制的研究中引入了博弈论和数理经济学的相关方法，使得对食品安全规制的

---

① 2018 年 3 月，第十三届全国人民代表大会第一次会议批准的国务院机构改革方案，对国家质量监督检验检疫总局的职责进行了整合，由此组建了中华人民共和国国家市场监督管理总局。

研究进入更深的层次，尤其是相关策略和标准的成本效率研究，为食品安全规制体系建设和实施提供了经济学的客观理性分析。然而，我国有关食品安全规制的研究滞后于美国等发达国家，尤其在研究中缺乏理论的创新，因此，有关食品安全科技体制创新的研究需要进一步深入。第一，有关食品安全规制研究的定位问题。食品安全的研究涉及多学科的理论运用，不仅包括规制经济学，还包括制度经济学、企业管理和物流管理等学科，甚至包括法律和医学的相关知识运用，这一研究需要从经济和科学技术两方面来探讨。第二，对食品安全科技创新中的主体间博弈的研究较多，但是，相对于博弈研究来说，食品安全的俘虏理论研究有待进一步深入，尤其是如何构建被"俘虏"预防机制方面。第三，国内食品安全科技体制创新的实证研究偏少。尽管食品安全问题得到了多学科关注，但对比国外研究，结合国内有关食品安全规制来看，实证研究主要集中于一些食品安全规制标准体系，如 HACCP 的运用等方面，因此有必要运用计量模型和统计分析等实证方法对食品安全科技体制创新的效率进行进一步检验。

2 中国食品安全科技创新体制发展现状

2.1 中国食品安全情况分析

2.1.1 食品和粮食生产及消费情况分析

国家统计局公布的全国粮食生产数据显示，2019 年全国粮食总产量 66384 万吨（13277 亿斤），比 2018 年增加 594 万吨（119 亿斤），增长 0.9%，创历史最高水平。2019 年，全国夏粮产量 2832 亿斤，比上年增加 56 亿斤，增长 2.0%；秋粮产量 9919 亿斤，比上年增加 110 亿斤，增长 1.1%；早稻产量 525 亿斤，比上年减少 46 亿斤，下降 8.1%。全国谷物产量 12274 亿斤，比上年增加 73 亿斤，增长 0.6%。其中，稻谷 4192 亿斤，较上年减少 50 亿斤，下降 1.2%；小麦和玉米产量分别为 2672 亿斤和 5215 亿斤，较上年分别增加 43 亿斤和 72 亿斤，增长 1.6% 和 1.4%。豆类产量 426 亿斤，比上年增加 42 亿斤，增长 11.0%。其中，大豆产量 362 亿斤，比上年增加 43 亿斤，增长 13.3%。薯类产量 577 亿斤，比上年增加 3.6 亿斤，增长 0.6%。

2019 年，肉类消费被价格抑制。2014—2018 年，国内肉类消费平均值为 8939 万吨。2019 年受肉类价格上涨幅度较大影响，国内肉类消费量为 8133 万吨，同比下降 8.93%。2019 年国内肉类产量下降，主要是受猪肉产量下降影响。2019 年国内肉类总产量为 7649 万吨，同比下降 11.31%。2019 年国内猪肉产量为 4255 万吨，同比下降 21.26%。从各肉类产量占比来看，猪肉产量占比下降至 55.6%；其他肉类产量占比均有所提高，其中，禽类、牛肉、羊肉产量占比分别由 4.9%、1.3%、0.9% 提高至 29.3%、8.7%、6.4%。2015—2019 年国内肉类消费总量及同比增速如图 2-1 所示。

2019 年全年全国居民人均消费支出 21559 元，比上年增长 8.6%，扣除价格因素，实际增长 5.5%。其中，人均服务性消费支出 9886 元，比上年增长 12.6%，占居民人均消费支出的比重为 45.9%。按常住地分，城镇居民人均消费支出 28063 元，增长 7.5%，扣除价格因素，实际增长 4.6%；农村居民人均消费支出 13328 元，增长 9.9%，扣除价格因素，实际增长 6.5%。全国居民恩格尔系数为 28.2%，比上年下降 0.2 个百分点，其中城镇为 27.6％，农村为 30.0％。

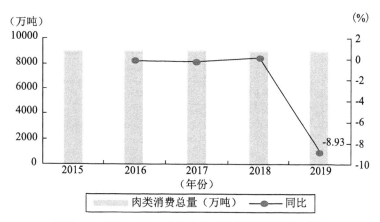

图 2‐1　2015—2019 年国内肉类消费总量及同比增速

2.1.2　食品安全中毒情况分析

1. 中国食品安全中毒情况数量分析

如表 2‐1 所示，从 2000—2006 年上报各卫生部门的食物中毒情况来看，每年食物中毒的例数、中毒人数、死亡人数基本是呈上升趋势的。由此可以看出，2000—2007 年，我国食品安全问题是比较严重的，食品安全的问题令人担忧。

从 2007—2019 年上报各卫生部门的食物中毒情况来看，食物中毒例数、中毒人数、死亡人数总体呈下降趋势，特别是在 2010 年，我国食物中毒的人数由 2009 年的 11007 人下降至 7383 人，减少了 3624 人，中毒人数减少了 33％。这说明政府开始重视食品安全问题，加强了食品安全监管力度，公众的食品安全意识也有所提高。我国政府致力于完善我国的食品安全规制体系，减少社会公众对食品安全的担忧，让公众吃上安全、放心的食品。

表 2‐1　　　　　2000—2019 年上报各卫生部门的食物中毒情况

年份	中毒例数	中毒人数	死亡人数
2000	150	6237	135
2001	185	15715	146
2002	128	7127	138
2003	379	12876	323
2004	397	14586	282

年份	中毒例数	中毒人数	死亡人数
2005	256	9021	256
2006	600	17974	201
2007	506	13280	258
2008	431	13095	154
2009	271	11007	181
2010	220	7383	184
2011	189	8324	137
2012	174	6685	146
2013	152	5559	109
2014	160	5657	110
2015	169	5926	121
2016	174	6087	108
2017	153	6192	103
2018	182	6256	102
2019	192	6167	105

2. 食物中毒原因的分析

据统计，2019 年微生物性食物中毒人数最多，占全年食物中毒总人数的 50.6%。有毒动植物及毒蘑菇引起的食物中毒事件报告起数和死亡人数最多，分别占全年食物中毒事件总报告起数和总死亡人数的 49.4% 和 75.8%。

微生物污染、食品添加剂超标和农、兽药残留超标仍然是 2019 年食品安全面临的主要问题。抽检发现，因微生物超标的食品不合格率为 1.6%，与 2018 年持平，占不合格样品总量的 28.4%；因食品添加剂超标的食品不合格率为 0.9%，占不合格样品总量的 22.9%；因农、兽药残留超标的食品不合格率为 1.5%，比 2018 年上升 0.5 个百分点，占不合格样品总量的 16.7%。

2019 年，微生物性食物中毒事件的中毒人数较多，主要致病因子为沙门氏菌、副溶血性弧菌、蜡样芽孢杆菌、金黄色葡萄球菌及其肠毒素、致泻性大肠埃希氏菌、肉毒素等。有毒动植物及毒蘑菇引起的食物中毒事件报告起数和死亡人数最多，病死率最高，是食物中毒事件的主要死亡原因，主要致病因子为毒蘑菇、未煮熟的四季豆、乌头、钩吻、野生蜂蜜等。化学性食物中毒事件的主要致病因子为亚硝酸盐、毒鼠强、克百威、甲醇、氟乙酰胺等，其中，亚硝酸盐引起的食物中毒事件 12 起，毒鼠强引起的食物中毒事件 6 起。

3. 食品中毒场所的情况分析

2019 年发生在家庭的食物中毒事件报告起数和死亡人数最多，分别占全年食物中毒事件总报告起数和总死亡人数的 49.2％和 82.4％；发生在集体食堂的食物中毒人数最多，占全年食物中毒总人数的 47.5％。

与 2018 年相比，发生在集体食堂的食物中毒事件的报告起数和中毒人数分别减少 13.3％和 17.5％；发生在家庭的食物中毒事件报告起数和中毒人数分别增加 21.3％和 26.4％，死亡人数增加 10.9％；发生在饮食服务单位的食物中毒事件报告起数和中毒人数分别减少 3.3％和 2.1％，死亡人数增加 5 人；发生在其他场所的食物中毒事件报告起数增加 3 起，中毒人数增加 19.5％，死亡人数与 2018 年持平。

2019 年发生在家庭的食物中毒事件报告起数及死亡人数最多，病死率最高，为 12.7％，误食误用毒蘑菇和化学毒物是家庭食物中毒事件死亡的主要原因。农村自办家宴引起的食物中毒事件 14 起，中毒 852 人，死亡 10 人，分别占家庭食物中毒事件总报告起数、总中毒人数和总死亡人数的 21.2％、76.1％和 8.9％。发生在集体食堂的食物中毒事件主要原因是食物污染或变质、加工不当、储存不当及交叉污染等。学校集体食堂是学生食物中毒事件发生的主要场所。

4. 学生食物中毒事件情况

2019 年学生食物中毒事件情况如表 2-2 所示。2019 年学生食物中毒事件的报告起数、中毒人数和死亡人数分别占全年食物中毒事件总报告起数、总中毒人数和总死亡人数的 18.2％、27.8％和 0.95％，其中，20 起中毒事件发生在集体食堂，中毒 1674 人，无死亡。与 2018 年相比，学生食物中毒事件的报告起数和中毒人数分别减少 11.3％和 20.7％，死亡人数减少 2 人。

表 2-2　　　　　　　　　　**2019 年学生食物中毒事件情况**

中毒原因	报告起数	中毒人数	死亡人数
微生物性	21	1002	0
化学性	2	17	1
有毒动植物及毒蘑菇	9	473	0
不明原因或尚未查明原因	3	221	0
合计	35	1713	1

数据来源：根据 2019 年《关于全国重大食物中毒情况的通报》资料整理。

2.2 中国食品安全科技体制改革演进路径

研究我国食品安全科技体制创新的进程，主要是要明确规制机构、食品数量和质量、监管的方法和监管的绩效等几个方面的情况。本节的研究主要考虑到食品安全规制和科技体制创新的机构和监管方式不同，将我国的体制改革进程分为以下几个阶段。

2.2.1 计划指令性阶段（1949—1977年）

食品消费环节的中毒事件是中华人民共和国成立初期的主要食品安全事件，当时，食品安全监管的主要任务就是确保食品卫生，受计划经济体制的影响，食品卫生在当时主要由卫生部进行监管。

1. 卫生防疫站的广泛建立期

我国的第一个卫生防疫站是1949年建立的长春铁路局卫生防疫站，之后各地政府陆续在原有的防疫大队和防治队等卫生部门的基础上成立了各个省、地（市）、县各级卫生防疫站，这成为当时食品安全规制的主要机构。

1954年，卫生部颁布了《卫生防疫站暂行办法和各级卫生防疫站组织编制规定》（以下简称《办法》），该《办法》对卫生防疫站的职能进行了大致的规定，指出卫生防疫站的任务是"预防性、经常性卫生监督和传染病管理"，其业务范围和职责包括环境卫生、劳动卫生、食品卫生、学校卫生的监督和传染病、寄生虫病的预防，以及卫生宣传教育工作等14项（张福瑞，1991）。到1954年年底，全国共成立了卫生防疫站（队）337个。1956年年底，全国29个省、市、自治区及其所属的地（市）、州、县（旗）全部建立了防疫站。1959年，大部分公社卫生所建立起卫生防疫组，从而基本形成了初具规模的卫生防疫和食品卫生监督网络。

2. 卫生防疫体系的合并和恢复期

1959—1961年三年自然灾害期间，由于当时的政治、经济、政策环境影响，我国将卫生防疫站、专科防治所与卫生行政机构、医疗保健机构合并，即所谓的"三合一""四合一"，这使大批防疫机构工作停顿、人员流失，造成一些传染病传染人数回升，给食品卫生监督等卫生监督工作带来很大困难。1962年，党中央提出"调整、巩固、充实、提高"的方针后，卫生部于1964年颁布了《卫生防疫站工作试行条例》并在全国贯彻实施，卫生防疫体系回到正常的发展轨道。这个条例首次明确了卫生防疫站作为卫生监督包括食品卫生监督体系主体机构的性质、任务和工作内容，并规定了卫生防疫站的组织机构设置及人员编制。

3. 卫生防疫体系破坏期

"文化大革命"期间，我国卫生防疫体系及其工作遭受严重的破坏，卫生防疫站及其他防疫防治机构遭到批判、否定、取消、合并，卫生防疫技术人员被迫下放、改行，卫生防疫和卫生监督工作再次处于全面停顿状态（戴志澄，2003）。

对于本阶段的体制特点进行总结，可以看出以下几点：一是卫生防疫机构的工作重心在卫生防疫，卫生监督包括食品安全的监管处于次要地位；二是食品卫生规制机构林立，因为食品工商业在当时的国民经济体系中并不算一个单独的产业，所以各部门都成立了食品卫生的监管部门，轻工业部、粮食部、农业部①、化学工业部、水利部、商业部、对外贸易部、供销合作社等行业主管部门都建立了一些保证自身产品合格出厂销售的食品卫生检验和管理机构；三是受体制的限制，企业的管理者往往也是政府部门的领导，企业没有商业利益的驱动，不存在弄虚作假的现象；四是食品生产和流通企业与规制机构的信息不对称情况较少，原因在于本阶段的计划经济体制决定了主管部门和企业二者合一的特殊状况，因此，食品安全信息基本畅通；五是生产技术水平的限制是食品安全事件发生的主要原因，而降低成本不是其主要原因；六是该阶段的食品安全事件主要是由食品供应不足，很多人食用了变质食品导致的。

2.2.2　起步过渡阶段（1978—1991 年）

1978—1991 年，改革开放刚刚起步，该阶段食品工业发展中也推行了"多成分、多渠道、多形式"的原则，实行国有、集体、个体齐发展的策略，这样的策略使得多种所有制并存，从而改变了计划经济体制下的食品安全规制结构。

1. 规制主体监管不力

大中小企业与前店后厂相结合，这种多元所有制并存的所有制机构，使得大量的集体和民营生产企业游离于主管部门的管理体制之外，而卫生部门又没有足够的权力和资源对新生的企业进行严格管理，从而使得政府对食品卫生质量的管理开始变得力不从心，食品安全规制的绩效出现下降的情况。

2. 法制建设缓慢

从管理工具来看，虽然在 1979 年，卫生部在 1965 年《食品卫生管理试行条例》的基础上，修改并正式颁发了《中华人民共和国食品卫生管理条例》，但是，该条例主要的缺点是对于违法者的量刑没有明确规定，导致这方面无法可依，这一过渡时期的食品卫生和食物中毒事故数量呈上升趋势。

---

① 2018 年 3 月 13 日，十三届全国人大一次会议审改国务院机构改革方案，组建农业农村部，不再保留农业部。

1983 年 7 月 1 日，我国推出《中华人民共和国食品卫生法（试行）》，该法的实施说明我国在食品安全法制建设上取得了一定的发展，但是它只是一个过渡性质的试行法律。该法明确了食品安全规制的主体——"各级卫生行政部门领导食品卫生监督工作""卫生行政部门所属县以上卫生防疫站或者食品卫生监督检验所为食品卫生监督机构"，并规定获得食品卫生许可证是食品生产和经营企业申请工商执照的前提要件，同时将卫生许可证的发放管理权赋予卫生部门，还明确了造成食物中毒和食源性疾病的法律责任。

3. 过渡性质明显

在法律规范方面，本阶段带有很大的局限性和过渡性，例如，虽然 1983 年的《中华人民共和国食品卫生法（试行）》强调了卫生部门在食品卫生管理中的主导作用，但是并没有完全取消各类主管部门对食品卫生的管理权。此外，该法还将一些特殊场所的食品卫生监督权赋予非卫生部门，例如，城乡集市的食品卫生管理工作由工商行政管理部门负责，畜、禽、兽类产品的卫生检验工作由农牧渔业部门负责，出口食品的卫生由国家进出口商品检验部门监督、检验，同时，铁道、交通、厂矿管辖范围内的食品卫生由其各自的卫生防疫机构主管。此外，先后经过 1982 年和 1988 年两次重组的商业部，仍然负责粮油、副食品、土特产、饮食服务方面的生产经营及安全卫生工作。1988 年，在原国家标准局、计量局基础上组建的国家技术监督局，负责食品质量标准的制定和执行工作。从地方政府层面看，涉及食品质量监督职能的包括工商、标准计量、环保、环卫、畜牧兽医、食品卫生监督六个部门（徐维光等，1992）。

4. 规制主体分割化

这一时期的规制体制带有过渡性质，尽管明确了食品安全规制的主体机构是县级以上各级卫生防疫站或食品卫生监督检验所，但是，在执法过程中又强调了由各级卫生行政部门领导食品卫生监督工作，从而在实际执法过程中由两个机构共同行使食品卫生执法权。同时，由于政企合一的主管体制和铁路、交通等特殊单位体制的存在，卫生部门的主导监管权又不得不陷于分割化的境地，这是当时过渡环境下的一种特殊现象。

5. 信息不对称现象明显

在这一阶段，不仅新出现的集体和民营企业开始以商业利润作为最重要的目标，而且原有的国有企业也由于经济模式的改变而产生了独立的商业利益诉求，管理对象逃避、扭曲管理主体食品卫生管理政策的动机明显增强，两者之间的信息不对称性增强。

综上所述，该管理体制是介于计划经济与市场经济、政企合一与政企分离、传统管控与现代监管模式之间的过渡模式类型，因此，这一时期的食品卫生管理体制又可以被称为"过渡型体制"。

2.2.3 监管型体制阶段（1992—2000 年）

1992 年党的十四大召开，提出中国经济体制改革的目标是建立社会主义市场经济体制，逐步实现政企分开，企业拥有了经济自主权，经济利益诉求便成为其主要目标。同时，从政府的角度来看，1993 年的国务院机构改革也为政企分开奠定了基础。

1. 机构改革期

1993 年，第八届全国人民代表大会第一次会议通过的《国务院机构改革方案》，明确提出撤销轻工业部等 7 个部委，生产肉制品、酒类、水产品、植物油、粮食、乳制品等诸多食品和饮料的企业在体制上正式与轻工业主管部门分离，实现了真正的政企分离，并在 2001 年最终撤销了轻工业局。本段时期的食品企业最大的特点是企业掌握了经济自主权，实现了政企分离，在监管上实现了第三方监管。

2. 法律出台期

1993 年，我国颁布了《中华人民共和国产品质量法》；1995 年 10 月，我国通过了《中华人民共和国食品卫生法》（以下简称《食品卫生法》）。

随着人民生活水平的提高，食品种类大大丰富，新型食品、保健食品、开发利用新资源生产的食品大批涌现，使得旧有的试行版《食品卫生法》难以适应新的形势。1995 年，第八届全国人大正式通过修订后的《食品卫生法》，并将其由试行法调整为正式法律，将原有试行法中的事业单位执法改为行政执法。这部法律的最大贡献是明确了食品卫生监管执法的行政权属性，虽然并没有将食品卫生监督管理权完全授予卫生行政部门，但确立了卫生部门的主导地位（陈敏章，1995）。

3. 多头监管体制形成期

《食品卫生法》明确规定"国务院卫生行政部门主管全国食品卫生监督管理工作"，结束了由卫生防疫站进行行政执法的过渡期。

随着中国食品产业的全面迅猛发展，食品产业已经外延到农业、农产品加工业、食品工业、食品经营业以及餐饮行业等整个产业链条环节，农用食品种植和饲养、深加工、流通以及现代餐饮业都实现了飞速发展，主要局限于餐饮消费环节的食品卫生概念逐渐无法适应食品产业外延的扩展，强调种植养殖、生产加工、流通销售和餐饮消费四大环节综合安全的食品安全概念，更加符合社会公众对于食品消费的标准和需求。这种监管理念的微妙变化也逐渐投射到监管体制的改革上，在 1998 年的政府机构改革中，原来由卫生部承担的食品卫生国家标准的审批和发布职能交由新成立的国家质量技术监督局执行，原来由国家粮食局①承担的研究制定粮油质量标准、粮油检测制度和办法的职能也同样转由国家质量技术监督局行使，而农业部门则依然负责初级农产品生产源头的质量安全监督管理工作，工商部门则承担原质量技术监督部门的流通领域商品质量监督管理职能，这种调整为后来分段监管体制的建立奠定了基础，也标志着《食品卫生法》所确定的以卫生部门为主导的监管体制逐渐发生了一些变化，卫生部门的主导地位有所削弱。

2.2.4 调整阶段（2001—2008年）

2001—2008年，随着全球化进程的加速，我国加入世界贸易组织，我国食品贸易份额不断增加，人们也更关注食品安全问题。此阶段的主要特征如下。

1. 国际接轨期

我国加入世界贸易组织后，国外政府及相关食品企业对我国进出口食品的安全标准越来越高，同时，对我国进出口食品检验检疫越来越严格。我国食品出口企业在国际贸易竞争中处于劣势地位，遭遇越来越多的绿色贸易壁垒，这给我国相关食品企业造成了很大的经济损失，其连带效应严重地冲击了我国农业及相关产业。

2. 食品消费观念转变期

我国经济随着改革开放进程的推进得到持续快速发展，人们的生活质量也因此得到改善。人们的食品消费观念开始转变，从注重温饱，向注重食品的营养和安全方面转变。

3. 分段监管期

2003年，我国食品安全规制又进入了一个新的发展阶段，我国政府成立了食品药品监督管理局②。为了弥补分段监管中存在的职能空白，避免交叉部门重复治理，提升我国食品安全规制体制中各部门的效率，也为了更好地对相关各部门进行指导和监督，同时对各个部门的工作进行协调，国务院于2004年9月颁布了《国务院关于进一步加强食品安全工作的决定》（以下简称《决定》），在监管体制上首次明确了"按照一个监管环节由一个部门监管的原则，采取分段监管为主、品种监管为辅的方式"，正式确定"农业部门负责初级农产品生产环节的监管；质检部门负责食品生产加工环节的监管""工商部门负责食品流通环节的

---

① 2018年3月13日，十三届全国人大一次会议审议国务院机构改革方案，组建国家粮食和物资储备局，不再保留国家粮食局。

② 2013年，组建国家食品药品监督管理总局。2018年，组建国家市场监督管理总局，不再保留国家食品药品监督管理总局。

监管；卫生部门负责餐饮业和食堂等消费环节的监管；食品药品监管部门负责对食品安全的综合监督、组织协调和依法组织查处重大事故"。可以说，这项《决定》正式从政策层面确立了分段监管体制的地位，同时将卫生部门承担的食品加工环节的监管职能赋予质检部门，质检部门的地位和作用得到加强，而进一步弱化了卫生部门的主导作用，食品监管体制正式从卫生部门主导的体制变为"五龙治水"的多部门分段监管体制。应该说，这种多部门分段监管的体制从本质上反映了食品产业的迅猛发展之后，仅限于消费环节的食品卫生概念已经远远不能满足社会公众对于食品质量的要求的现状，从农田到餐桌全过程的食品安全监管新模式，要求农业、工商、卫生等多个部门全程介入。同时，"阜阳劣质奶粉事件"暴露出奶粉生产环节监管的混乱以及卫生部门的能力薄弱，而 2001 年成立的质检部门，以技术手段为执法基础，在产品质量监督检验、打击生产经销假冒伪劣商品方面已经积累了非常丰富的经验，相对于卫生部门而言，其在食品生产和加工领域的监管方面具有更大的技术和经验优势，因此被赋予监管食品加工环节的职能，而食品药品监管局的介入，既反映出食品、药品、保健品、化妆品等健康产品属性日益模糊的产业现实，也凸显了中央政府欲对此类产品的监管权进行更好的整合的基本意图。

2.2.5 初步完善体制阶段（2009 年至今）

1. 法律完善期

为了进一步推进我国食品安全规制的法制化进程，我国在 2009 年通过了《中华人民共和国食品安全法》等相关食品安全法律法规，这标志着食品安全规制法律体制的基本框架在我国建立。该法律的审议过程涉及很多具有争议性的问题，例如，地方政府总负责制与垂直管理体制的兼容问题、分段监管模式的去留和改革问题、在食品监管中实行电子监管码的问题、食品添加剂的管理问题、食品免检制度的存废问题以及食品广告监管的问题等（彭东昱，2008）。同时，为了便于下一步对食品监管体制进行改革，该法规定"国务院根据实际需要，可以对食品安全监督管理体制作出调整"。

对于敏感商品，发布具有针对性的管理条例，例如，将婴儿奶粉监管等同于药品监管，发布了《婴幼儿配方乳粉产品配方注册管理办法》，2016 年 10 月 1 日起正式实施，这是对于消费者持续关注的积极回应，体现了新时期食品安全监管的新动向。

2. 机构初步整合期

2018 年之前，我国食品安全规制的最高机构是国务院食品安全委员会①，该机构成立于 2010 年 2 月 6 日，其具体职责是分析国际国内食品安全形势，全面指导食品安全工作，就食品安全问题提出政策措施，监督食品安全政策措施的落实。

从监管体制来看，《中华人民共和国食品安全法》在内容上对 2004 年确立的多部门分段监管体制进行了局部调整，工商管理局、卫生局和质量技术监督管理局整合为国家食品药品监管管理总局，改变了分段监管体制的状况。虽然多部门分段监管体制并没有得到完全整合，但一套以国务院和卫生部作为协调机构，多部门分工合作、地方政府负总责的监管体制正在建设和完善中。

3. 机构深度整合期

目前，在我国，食品安全监管的最高机构是中华人民共和国国家市场监督管理总局，2013 年 3 月 22 日，"国家食品药品监督管理局"（State Food and Drug Admi nistration，简称 SFDA）改名为"中华人民共和国国家食品药品监督管理总局"（China Food and Drug Administration，简称 CFDA）。2018 年 3 月，根据第十三届全国人民代表大会第一次会议批准的国务院机构改革方案，国家食品药品监督管理总局的职责整合，组建中华人民共和国国家市场监督管理总局。

根据改革方案，已将国家工商行政管理总局的职责、国家质量监督检验检疫总局的职责、国家食品药品监督管理总局的职责、国家发展和改革委员会的价格监督检查与反垄断执法职责、商务部的经营者集中反垄断执法以及国务院反垄断委员会办公室等职责整合，组建国家市场监督管理总局，作为国务院直属机构。

2.3 中国食品安全科技创新机构分析

近年来，食品安全事故频发促使中国加大对食品安全科技创新体制发展的关注和投入力度。

2.3.1 中国食品安全规制体制的阶段划分

中国食品安全规制体制的整个发展历程可以划分为以下几个阶段：

（1）以卫生防疫站为主体阶段。

（2）以卫生部为主体阶段。

---

① 2018 年 3 月，根据第十三届全国人民代表大会第一次会议批准的国务院机构改革方案，保留国务院食品安全委员会，具体工作由国家市场监督管理总局承担。

（3）多方监管阶段。

（4）初步集中监管阶段。

如表 2-3 所示，自 1978 年改革开放以来，从以卫生部为主体统一监管到多部门监管，再到现在的一个部门协调、多个部门具体监管的初步集中监管，食品安全科技创新体制不断发展和完善，在很大程度上避免了一些食品安全事故的发生。但是，中国食品安全体制中也存在着分工不明确、监管和督查部门管理混乱的情况。与我国相比，美国的食品安全科技创新体制有以下优点值得我们借鉴：各个部门之间分工明确，多部门之间职责清楚。美国联邦及各州政府具有食品安全管理职能的机构有 20 个之多，但在对食品安全问题的处理、预防以及监管上，各机构都有着很强的执行力度。

表 2-3 　　　　　　　　　中国食品安全规制体制阶段划分

阶段	时间	规制主体机构	对应科技体制改革阶段
以卫生防疫站为主体阶段	1949—1977 年	卫生防疫站	计划指令性阶段
以卫生部为主体阶段	1978—1991 年	卫生部	起步过渡阶段
多方监管阶段	1992—2008 年	多方监管	监管型体制阶段（1992—2000 年）调整阶段（2001—2008 年）
初步集中监管阶段	2009 年至今	食品药品监督管理总局	初步完善体制阶段

2.3.2　中国食品安全科技创新机构

1. 各个科研院所

中国的食品安全科研院所往往都有着明确的研究方向和任务。在食品安全科技创新中，各个科研院所都有一定水平、一定数目的高水平研究人员。同时，各科研院所也具有开展研究工作的基本条件，可以长期有组织地研究与开发某一类研究课题。这些机构大多有政府在人员和资金方面的支持，在科研设备方面也有一定的优势。

（1）科研院所的分级。这些科研院所按照级别不同可以分为：国际级科研院所、国家级科研院所、省市级科研院所和其他等级科研院所。目前来看，我国科研院所的数量和发达国家还存在着差距，尤其是非政府主导的，完全是第三方非政府组织的科研院所数量就更少了，因此，本书在最后一章中论及了非政府组织在食品安全规制中的作用以及作用机理等问题。

（2）食品安全事件处理中科研院所的作用分析。在突发性的食品安全事件处理过程中，除了各种政府职能部门之外，更具有影响性的是具有调查和追溯能力的科研院所。这些科研院所在处理食品安全事件中的作用体现为：一是及时地发现和预防事件的发生；二是在事件发生之后的追根溯源；三是在事件发生之后的后果处理等。

（3）非政府组织的科研院所是未来的发展方向。相对于政府机构，非政府机构具有以下几点优势：第一，具有行业工会性质的非政府科研机构获取食品安全信息更为便利；第二，非政府机构更容易制订和修改本行业的食品安全标准；第三，非政府机构更容易将食品安全新科技加以应用并产生经济效益。总之，更加贴近企业的非政府科研院所，发展潜力是巨大的。

2. 各级高等学校

中国的各级高等学校除了在教育上有着突出贡献之外，在科研创新上也有着不容忽视的作用。很多高等学校都有国家级的实验室，并且这些实验室每年都会产出较为先进的科技创新成果。各级高等学校有着充足的人才储备，通过吸纳社会资金，它们在科技创新方面聚集了巨大的潜力。

（1）高等学校作为食品安全科技创新主体的优势分析。各级高等学校在食品安全科技创新中的优势在于：第一，人才培养优势。高等学校作为科研新生力量的主要培养机构，其人才优势不容忽视。第二，研究动力的优势。无论是从教师发展动力还是从高等学校发展动力角度来讲，高等学校的科研创新动力都十分明显。第三，获取资金的优势。产学研一体的高等学校体制的革新、校办企业的发展等，都使得高等学校在研究中更容易获取资金和技术的支持。

（2）高等学校作为食品安全科技创新主体的劣势分析。作为食品安全科技创新主体，高等学校的劣势也十分明显：第一，高等学校获取信息较难。因为并不是直接和食品安全企业以及监管机构对接，所以高等学校在信息获取方面具有很多阻碍，这几乎是很多从事食品安全科研工作的高等学校工作者的共同心声。第二，成果发表之后获得社会的认同较难。高等学校的科研团队历经多年的辛苦研究取得的成果往往被束之高阁，得不到企业的应用，更无法取得相应的经济效益。第三，对比专门的科研院所，高等学校科研工作者往往还有教学任务等其他非科研任务。

3. 各级规制机构

目前，我国食品安全规制机构如下：由质量技术规制部门监管食品生产环节，由工商行政管理部门监管食品流通环节，由食品药品监管局监管食堂、餐饮消费环节。此外，各级政府的食品安全委员会办公室负责综合协调各部门。负责食品安全监管的各级规制机构，其食品安全监管的科技创新水平是保障食品安全的关键，尤其是一级基础部门的科技创新水平。

（1）规制机构的科技水平体现了一个国家的食品安全规制底线。在现实中，面对层出不穷的各种食品安全事件，规制机构的科技水平是保障各食品企业处于有效监管之下的关键，因此，规制部门的科技水平决定了规制的底线。

（2）规制机构需要不断提高科技水平。例如，"三鹿奶粉"事件中被检出的三聚氰胺，是导致婴幼儿肾结石和其他身体损害的根本原因，而之前的检测技术无法检测出该物质，从而导致安全事件，由此可以看出，规制机构必须不断创新科技手段，提高科技水平。

（3）规制机构科技创新水平的提升，需要借鉴发达国家的相关经验。

例如，借鉴发达国家的经验，2007年12月31日，我国国务院办公厅下发了《国务院办公厅关于限制生产销售使用塑料购物袋的通知》（以下简称"限塑令"）。这份被人们简称为"限塑令"的通知明确规定：从2008年6月1日起，在全国范围内禁止生产、销售、使用厚度小于0.025毫米的塑料购物袋；在所有超市、商场、集贸市场等商品零售场所实行塑料购物袋有偿使用制度，一律不得免费提供塑料购物袋。

（4）规制机构科技创新水平的提高离不开优秀的科技人才。规制机构科技水平的提升，根本还是要靠优秀的科技人才。

4. 食品生产和销售企业

食品生产和销售企业在整个食品安全体制内处于极其重要的地位，它既是科技投入的主体，也是科研经费执行的主体，可以这样说，大量的资金投入来源于食品生产和销售企业，大量的经费也被食品生产和销售企业消耗，食品生产和销售企业的经营和变动必须符合国家的相关规定。食品生产和销售企业在质量安全体制中处于主体地位，因此，建立企业的食品安全管理制度对中国食品安全体制来说至关重要。同时，食品生产和销售企业提高科技创新水平的优势和特点在于以下几个方面。

（1）食品生产和销售企业的科技创新以应用型研究为主。与科研机构和高等学校等部门不同，企业的科技创新完全是以应用科技和创造利润作为最主要的目标，因此，除了特大食品生产和销售企业以外，在一般的食品生产和销售企业科技创新中，很少见到食品安全理论的创新。

（2）食品生产和销售企业具有信息优势。处于一线的食品和销售企业，在获取信息方面有着其他机构不具备的信息优势，掌握着其他机构无法了解的一手资料，但是，对于此类信息，企业往往会因为追求经济利益而缺乏系统的总结和统计。

（3）食品生产和销售企业的科技创新主要在于利益驱动。一方面，因为利益的驱动，食品生产和销售企业的科研创新动力更强，因此，具有直接经济效益的科研创新，大多发生在食品生产和销售企业；另一方面，食品生产和销售企业对于缺乏经济效益或者缺乏短期经济效益但具有研究价值的科技创新动力不足，这正是研究机构和高等学校能够发挥自身优势的领域。

（4）食品生产和销售企业的自律性是影响其科技创新的关键因素。

5. 个人

从法律层面来说，任何关注食品安全并具有研究能力的个人都可以参与食品安全科技的研究，其科研能力不容小觑。如表 2-4 所示，目前，国内专利申请中占比最高的是企业，其次是个人，大专院校、事业单位和科研机构分别位列其后。

表 2-4　　　　　　　　　　国内专利申请按专利申请人类型统计　　　　　　单位：万件

按专利类型分组		职务				非职务	合计
		大专院校	科研机构	企业	事业单位	个人	各主体总合
合计	当年累计	17.86	0.64	230.3	1.78	185.5	438.1
	构成	4.1%	0.15%	52.6%	0.4%	42.3%	100%
发明	当年累计	5.46	0.24	74.4	0.6	59.4	140.1
	构成	3.9%	0.17%	53.1%	0.43%	42.4%	100%
实用新型	当年累计	9.5	0.3	119.3	0.88	96.8	226.8
	构成	4.2%	0.15%	52.6%	0.39%	42.7%	100%
外观设计	当年累计	2.9	0.1	36.6	0.3	29.3	71.2
	构成	4.1%	0.14%	51.4%	0.42%	41.2%	100%

2.3.3　食品安全研究成果现状分析

1. 发文量年份变化趋势分析

论文是检验相关领域科研成果的主要指标之一，论文探讨的内容相当一部分是用来解释现实中的困惑的，或者是对实践经验的总结；另一部分甚至领先于实践，分析的是理论前沿的问题，该类论文对于实践有着指导作用。本书以知网2010—2019 年的食品安全科技类国内论文统计为准，分析 2010—2019 年食品安全科技类论文的数量变化。

（1）食品安全科技类论文数量分析

首先分析食品安全类论文的情况，再分析食品安全科技类论文的情况，2010—2019 年食品安全类论文的数量变化如表 2-5 和图 2-2 所示。

表 2-5 　　　　　　　　2010—2019 年食品安全类论文统计 　　　　　　　单位：篇

年份	2010	2011	2012	2013	2014	2015	2016	2017	2018	2019
数量	12874	17741	15340	15686	15571	17247	16153	18343	19528	19543

数据来源：知网搜索统计。

如图 2-2 所示，我国食品安全类论文数量基本是稳步增加的，说明由于消费者和政府等主体对于食品安全的关注，相关论文发表越来越多。

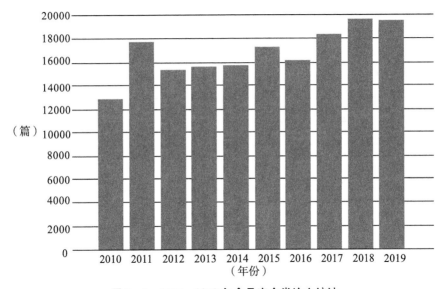

图 2-2 　2010—2019 年食品安全类论文统计

数据来源：知网搜索统计。

（2）相关主题发文统计

对 2010—2019 年食品安全科技类论文的主要关键词进行统计，可以得到表 2-6，从大量的论文关键词中可以总结出图 2-3，大量食品安全类论文关注的基本都是食品安全、科技、标准及检疫等内容。

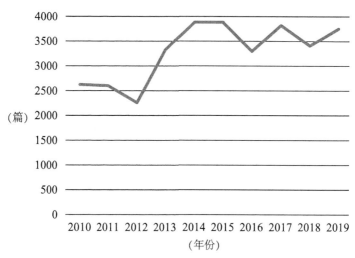

图2-3　2010—2019年食品安全科技类论文统计

数据来源：知网搜索统计。

表2-6　　　　　　　2010—2019食品安全科技类论文关键词统计　　　　　单位：篇

时间/总量	主要关键词统计			
2010年 2627	食品安全（1299）	食品（489）	标准（220）	事件（142）
	科技（130）	食品添加剂（126）	国家（117）	监管（104）
2011年 2604	食品安全（1415）	食品（449）	科技（164）	中国（128）
	检测（119）	监管（112）	标准（109）	事件（108）
2012年 2260	食品安全（1226）	食品（399）	消费者（160）	标准（125）
	中国（95）	监管（94）	科技（85）	检测（76）
2013年 3326	食品安全（1739）	食品（616）	标准（184）	中国（178）
	科技（171）	监管（163）	消费者（139）	食品安全法（136）
2014年 3887	食品安全（1874）	食品（705）	检测（383）	科技（222）
	食品安全法（196）	标准（183）	中国（162）	监管（162）
2015年 3879	食品安全（1893）	食品（804）	科技（239）	检测（214）
	监管（202）	标准（187）	分析（172）	保障（168）
2016年 3297	食品安全（2151）	食品（492）	科技（150）	标准（112）
	食品药品（110）	检测（107）	监管（97）	保障（78）
2017年 3823	食品安全（1851）	食品（905）	科技（227）	食品安全法（210）
	检测（207）	消费者（189）	标准（130）	监管（104）

时间/总量	主要关键词统计			
2018 年 3408	食品安全（1945）	食品（561）	科技（301）	中国（142）
	检测（120）	监管（119）	标准（118）	事件（102）
2019 年 3755	食品安全（1967）	食品（587）	标准（289）	事件（201）
	科技（192）	食品添加剂（185）	国家（173）	监管（161）

2. 专利量年份变化分析

食品安全科技创新最重要的考核指标就是食品安全科技专利数量，虽然论文之间的内容有部分重复的可能，但食品安全专利必须是新型的知识产权，这就意味着必须是绝对的创新，2010—2019 年食品安全科技类专利数量统计如表 2-7 所示。

表 2-7　　　　2010—2019 年食品安全科技类专利数量统计　　　　单位：篇

年份	2010	2011	2012	2013	2014	2015	2016	2017	2018	2019
数量	1055	1600	2738	3371	4559	6460	7063	8389	9320	9175

数据来源：国家知识产权局。

由表 2-7 可知，我国食品安全科技类专利数量上升趋势十分明显，这说明随着食品安全事件的多发，对于用科技解决食品安全问题的探索越来越多，并且成果显著。

3. 获奖分析

对 2010—2019 年食品安全科技类论文获奖情况进行分析，可以得到表2-8 和图 2-4。

表 2-8　　　　2010—2019 年食品安全科技类论文获奖情况统计　　　　单位：篇

成果类别	篇数	成果类别	篇数
科技进步奖	297	自然科学奖	8
科学技术奖	89	商业科技进步奖	5
科学技术进步奖	82	技术进步奖	5
技术发明奖	16	梁希林业科学技术奖	4

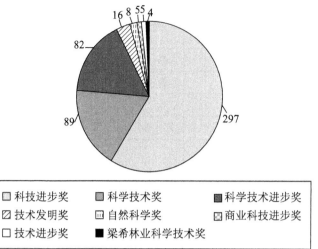

图 2-4 2010—2019 年食品安全科技类论文获奖情况统计

数据来源：国家知识产权局相关数据统计。

从图 2-4 中可知，食品安全科技类论文获奖最多的依然是科技进步奖。

2.3.4 小结

综合分析中华人民共和国成立后我国的食品安全科技体制创新各阶段的特点，结果如表 2-9 所示。

表 2-9 中国食品安全科技体制创新各阶段特点

阶段	计划指令性阶段	起步过渡阶段	监管型体制阶段	调整阶段	初步完善体制阶段
规制主体机构	卫生防疫站	卫生部	多头监管	多头监管	食品药品监督管理总局
体制特点	政企合一，以防疫站管控为主、卫生部门监督管理为辅	政企部分合一，分割格局下的卫生部主导体制	政企分离、多部门分段监管体制	政企分离，突出食品药品监督管理总局的作用	政企分离，以国务院和卫生部门作为协调机构、多部门分工合作、地方政府总负责的监管体制
管理对象	公私合营的企业	进入非国有化进程的企业	多元所有制的企业	多元所有制的企业	多元所有制的企业

阶段	计划指令性阶段	起步过渡阶段	监管型体制阶段	调整阶段	初步完善体制阶段
主要政策工具	政治运动和直接行政干预并存	法律禁止和经济处罚并存	产品和技术标准及特许制度并存	以与国际接轨的产品技术标准为主	以与国际接轨的产品技术标准为主

1. 从管理主体的角度分析

虽然自 1993 年以来中国食品监管的体制逐步由以卫生部门为主导变为多部门分段监管，同时部门间协调机制的建设逐步加强，但是其共同的特征就是作为监管者的各个职能部门在体制上已经与作为监管对象的食品生产经营企业完全分离，除了铁路和军队系统之外，其他单位体制下的内部食品卫生管理体制已经被外部的食品卫生监督体制所取代。也就是说，不管食品安全管理的具体机构权限设置如何，食品安全管理主体都已经正式转变为市场经济条件下的第三方监管机构，管理主体与管理对象之间的关系是法制环境下的监管关系，而非行政环境下的管控关系，这也是监管型体制得以有效确立的重要标志。

2. 从管理对象的角度分析

市场经济体制的确立和飞速发展，不仅使食品生产经营主体在数量、规模、所有制结构等方面发生了巨大的变化，而且改变了食品卫生的传统含义，食品监管由仅限于事后消费环节的食品卫生管理逐步转向贯穿事前、事中、事后，从农田到餐桌的全过程食品安全风险监管，食品监管对象的覆盖范围明显扩大、复杂程度明显增加。

3. 从管理工具的角度分析

国家立法、行政执法、经济奖惩和司法审判等经济、法律监管工具的运用继续得以强化，同时，行业技术标准、质量认证体系、信息披露、风险评估与监测等一些与风险监管相关的工具逐步得以使用并扩展，这有效地丰富了政府食品安全监管的政策工具箱（Policy Tool Box），而这些现代风险监管工具的运用，又与管理主体及对象的特征变化联系密切。同时，传统的行政命令、思想教育、群众运动等管理手段，在监管体制中发挥的作用明显减弱。

4. 各主要国家（地区）的科研经费来源及执行部门总结

2013 年，中国的企业科研投入占全国科研总投入的 77％，政府的科研投入占全国科研总投入的 16％，高等学校和研究院所的科研投入占全国科研总投入的 7％。2012 年，中国在基础研究上的科研投入为 140 亿美元，占全国科研总投入的 5％，在应用研究上的科研投入占比为 11％，在实验发展方面的科研投入为

2459亿美元，占全国科研总投入的84%。

综上所述，鉴于该管理体制是基于市场经济的，具有外部型、第三方监管的特征，综合运用行政、经济、法律、科技等多种监管工具，同时，以与国际接轨的质量技术标准为主要规制手段，由此，当下的食品安全管理体制可以被界定为"初步完善体制阶段"。

2.4 中国食品安全规制绩效的实证分析

2.4.1 样本数据的收集与处理

本书选取食品药品监督管理总局和国家市场监督管理总局公布的食品产品抽查合格率和食品安全国家新标准统计数、国家食品安全风险评估中心公布的食品安全事务财政支出、食品中毒死亡人数和卫生监督中心（2015年后更名为食品安全风险监测点）数量，作为衡量我国食品安全规制绩效的指数。以下是2010—2019年的相关数据，如表2-10所示。

表2-10   2010—2019年食品安全规制绩效分析数据

年份	食品产品抽查合格率/%	食品中毒死亡人数/人	卫生监督中心（食品安全风险监测点）/所	食品安全事务财政支出/亿元	食品安全国家新标准/条
2010	96.9	184	2992	1079.5	157
2011	96.4	137	3022	1329.67	21
2012	95.4	146	3088	1180	115
2013	96.1	109	2967	1868	109
2014	94.7	110	2975	30523.22	68
2015	96.8	121	3097	32246	67
2016	96.8	108	2977	34321	78
2017	97.6	103	2824	35749	82
2018	97.6	102	2821	36142	80
2019	97.6	105	2837	36321	79

数据来源：相关机构数据汇总。

2.4.2 模型的建立

本书认为食品安全规制评价可以用食品产品抽查合格率（y）来表示，影响食品安全规制的因素有食品中毒死亡人数（X_1）、卫生监督中心（食品安全风险监测点）数量（X_2）、食品安全事务财政支出（X_3）和发布的食品安全国家新标准数量（X_4），则食品安全规制评价可以表示为函数：

$$Y = f(X_1, X_2, X_3, X_4)$$

具体的函数形式可表示为：

$$y = aX_1 + bX_2 + cX_3 + dX_4$$

2.4.3 实证检验

1. 回归估计及结果

表 2-11　　　　　　　　　　最小二乘回归分析

变量	回归系数	标准差	t 统计量	概率值
C	0.262981	1.178541	0.197242	0.8752
X_1	$-1.49E-04$	$2.72E-06$	-0.596245	0.6524
X_2	0.000336	0.000512	0.68251	0.6312
X_3	$7.95E-06$	$1.98E-07$	0.452437	0.7311
X_4	-0.0002	0.000513	-0.451931	0.7119
R^2	0.686627	—	F 值	0.586315

回归方程为：

$y = 0.262981 - (1.49E-04)X_1 + 0.000336X_2 + (7.95E-06)X_3 - 0.0002X_4$

如表 2-11 所示，该模型的拟合优度为 0.686627，数据的拟合优度不是很好，说明解释变量对被解释变量的解释程度较弱，线性相关性差。F 统计量为0.586315，F 值太小，不能通过检验，判断有共线性和自相关性。

2. 多重共线性检验及修正

计算解释变量之间的简单相关系数，Eviews 结果表 2-12 所示。

表 2-12　　　　　　　　　各变量间的相关系数

	X_1	X_2	X_3	X_4
X_1	1	-0.107345	-0.698368	-0.556970

	X_1	X_2	X_3	X_4
X_2	−0.107345	1	0.189432	0.437890
X_3	−0.698368	0.189432	1	0.312954
X_4	−0.556970	0.437890	0.312954	1

由上表可知，各变量间的相关系数很小，说明相关性很小，基本上可以排除共线性。

3. 主成分分析

表 2 - 13　　　　　　　　　特征值和累积贡献率

序列	特征值	方差	方差贡献率
1	2.875632	1.875621	0.5901
2	1.178981	0.294512	0.2002
3	0.873107	0.531265	0.1421
4	0.307619	0.136362	0.0463

前三个方差依次为 1.875621、0.294512、0.531265，前三个方差贡献率依次为 0.5901、0.2002、0.1421，前三个方差的累计贡献率达 0.9324，则取前三个主成分代替原有的四个变量。前三个特征值相应的主成分载荷如表 2 - 14 所示。

表 2 - 14　　　　　　　前三个特征值相应的主成分载荷

Variable	PC_1	PC_2	PC_3
Y	0.493249	−0.191411	0.492012
X_1	−0.504512	0.296543	0.390320
X_2	0.302110	0.781954	0.495412
X_3	0.503245	−0.375197	0.147621

4. 原因解释及总结

从理论上来说，食品安全规制效果的评价用食品产品抽查合格率来表示是正确的，食品抽查合格率越高，说明政府规制效果越明显，食品的安全性越高。相反，食品抽查合格率低，则说明要么是政府在食品安全规制体制方面存在问题，没有能够很好地检测出食品的安全性，要么就是政府在食品安全规制力度方面存在缺陷。

（1）我国的食品安全规制方式总体来说以"分段监管为主，品种监管为辅"，农业部门从食品供应方面进行源头监管，工商部门从食品流通方面进行过程监管，卫生部门主要协调各个部门的卫生监管。这在一定程度上会造成监管责任的不明确，相互推诿，甚至有些监督是相互重合的。

（2）因为我国的食品安全信息公布有限，并没有专门的统计机构对我国每年发布的食品安全国家标准条数进行统计，所以，在一定程度上可能会出现较小的误差。

（3）在我国人口基数大的情况下，每年人口变化数是不可忽视的一个影响因素，食品中毒人数只是单纯地对人数进行统计，并没有考虑到人口变化的情况。同理，食品安全事务财政支出只是卫生部财政支出中的一小部分，更是我国财政支出中小小的一部分。我国近些年的经济处于稳定发展的阶段，同时，我国现阶段"稳增长，调结构"的发展战略，使得我国各方面的财政支出都随着政策的变化而变化。

由以上分析可以看出，从我国的实际情况出发，我国食品安全规制方面既存在体制的缺陷，也存在缺乏规制力度的问题。

2.5　中国食品安全科技创新情况分析

一般情况下，人们习惯性地认为食品安全科技创新应该起到以下几种作用：第一，使得食品添加剂的使用更少、更合理；第二，快速检测出食品中的有毒有害物质；第三，实现对食品包装的去毒害化；第四，让有害的食品无法投入市场，根本性地解决食品安全问题；第五，一旦发现食品安全问题，可以立即追溯至食品源头，以避免危害的进一步扩大。

这五点只是流于表面的通常性分析，没有看到食品安全科技创新的本质和体制因素。第一，食品添加剂的混乱状况主要是由食品安全标准不统一导致的。第二，对有毒有害物质检测技术的创新属于食品安全质量科技创新。第三，食品包装去毒害化技术，同样属于食品安全科技创新。第四，通过食品安全科技创新让有害的食品无法投入市场属于食品准入科技创新。第五，一旦发现食品安全问题，可以立即追溯至食品源头，以避免危害的进一步扩大，属于食品追溯体系的科技创新。

目前，中国基本形成了包括食品安全准入体系、食品安全质量体系和食品安全追溯体系等全方位的食品安全体系，现对其中涉及的科技创新情况分别予以分析。

2.5.1 准入体系科技创新情况分析

食品安全规制中，事前的预防永远要强于事后的处理，因此，准入体系的建立与预防检测技术息息相关，为了更好地防患于未然，我国制定了一系列的食品质量安全体系标准，这些标准规范了食品安全的准入门槛。

我国的食品安全管理体系标准基本涵盖了食品分类系统中所有产品从生产到最终消费的各个环节。

截至 2017 年 7 月，国家卫生计生委已完成对 5000 项食品标准的清理整合，共审查修改 1293 项标准，发布 1224 项食品安全国家标准。我国已经形成包括通用标准、产品标准、生产经营规范标准、检验方法标准四大类的食品安全国家标准。这些食品安全标准主要包括食品、食品添加剂、食品相关产品中的致病性微生物、农药残留、兽药残留、生物毒素、重金属等物质的限量规定；食品添加剂的品种、使用范围、用量规定；食品生产过程的卫生要求；与食品安全有关的食品检验方法和规程等，我国部分食品安全管理体系标准如表 2 - 15 所示。

表 2 - 15　　　　　　　我国部分食品安全管理体系标准

序号	食品安全管理体系标准	代码
1	《食品安全管理体系——食品链中各类组织的要求》	GB/T 22000—2006
2	《食品安全管理体系——GB/T 22000—2006 的应用指南》	GB/T 22004—2007
3	《食品安全管理体系——审核与认证机构要求》	GB/T 22003—2017
4	《食品安全管理体系——肉及肉制品生产企业要求》	GB/T 27301—2008
5	《食品安全管理体系——速冻方便食品生产企业要求》	GB/T 27302—2008
6	《食品安全管理体系——罐头食品生产企业要求》	GB/T 27303—2008
7	《食品安全管理体系——水产品加工企业要求》	GB/T 27304—2008
8	《食品安全管理体系——果汁和蔬菜汁类生产企业要求》	GB/T 27305—2008
9	《食品安全管理体系——餐饮业要求》	GB/T 27306—2008
10	《食品安全管理体系——速冻果蔬生产企业要求》	GB/T 27307—2008

资料来源：国家市场监督管理总局法规司。

2.5.2 质量体系的科技创新情况分析

根据《中华人民共和国食品卫生法》（1995 年）的规定，食品添加剂是为改善食品色、香、味等品质，以及为防腐和加工工艺的需要而加入食品中的人工合成或者天然物质。我国对各类食品添加剂的使用范围和剂量都制定了严格、详细的标准，超范围、超限量添加食品添加剂的食品均为不合格产品。2009 年 2 月 28 日，十一届人大常委会第七次会议通过的《中华人民共和国食品安全法》中沿用了该规定。近年来，进口食品频频被检出食品添加剂超标，主要是因为我国食品添加剂标准与外国的标准不一致，很多进口商品并不是为我国定制的，也没有对接我国标准的意识，因此出现了食品一进入我国，食品添加剂就超标的情况，最好的解决办法是对接国际最通用的标准。

目前，获得世界公认的质量体系有 4 种，分别是 ISO 9000 质量管理体系、HACCP 食品安全管理体系、良好生产规范（GMP）和良好农业规范（GAP）。

1. ISO 9000 质量管理体系

ISO 9000 是一个族标准，它是国际标准化组织（ISO）在 1994 年提出并由国际标准化组织质量管理和质量保证技术委员会 ISO/TC 176 制定的国际标准。ISO 9000 的核心是 ISO 9001 质量保证标准和 ISO 9004 质量管理标准。

ISO 9000 标准系列已被全世界 80 多个国家和地区的组织所采用，为广大组织提供了质量管理和质量保证体系方面的要素。

ISO 9000 标准有两个重要的理念：一是对产品生产全过程进行控制，从产品原材料采购、加工制造，直至最终产品销售，都应在受控的情况下进行，要想使最终产品的质量有保证，就必须对产品形成的全过程进行控制并使其达到过程质量要求；二是预防，在产品生产全过程建立预防机制，以促进生产的有效运行和自我完善，从根本上减少不合格产品。

2. HACCP 食品安全管理体系

危害分析和关键控制点（Hazard Analysis Critical Control Point，HACCP）是食品安全的预防性管理原理。HACCP 的概念起源于 20 世纪 60 年代，为保障宇航员食品安全，由美国皮尔斯堡（PILLSBURY）面粉公司的 H. Bauman 博士、陆军纳提克（NATICK）实验室和航空航天局（NASA）等共同提出。1971 年，HACCP 原理被美国食品药品监督管理局（FDA）接受。1985 年，美国科学院（NAS）发布了行政当局采用 HACCP 的公告。《HACCP 体系应用准则》于 1993 年被 FAO/WHO 食品法典委员会批准，并于 1997 年颁布新版法典指南。

HACCP 原理的特点：通过识别和评价食品在生产、加工、流通、消费等过程中存在的（包括实际存在的和潜在的）危害，找出对食品安全有重要影响的关键控制点，采取必要的措施进行预防和纠正，降低危害发生的可能性，以达到保障食品安全的目的。一般来说，HACCP 包括 7 个基本原理。

原理 1：进行危害分析并确定控制措施（HA）。

食品安全危害：使人类食用的食品不安全的任何生物的、化学的、物理的特性和因素。

危害分析：一种必须被控制的显著的危害，如果它发生，将对消费者造成不可预测的风险。

食品安全危害主要来自两个方面：与原料自身有关的危害和与加工过程有关的危害。这些危害分为生物危害、化学危害和物理危害三大类。

原理 2：确定关键控制点（CCPs）。

关键控制点是指能对其实施控制并能预防、消除或把食品安全危害降低到可接受水平的操作单元、步骤或工序。

原理 3：建立关键控制点极限值（CL）。

关键控制点极限值是用来保证产品安全的界限的，每个关键控制点对显著危害因素都必须有一个或几个关键控制界限。一旦偏离了关键控制界限，就必须采取纠正措施来确保食品的安全。

原理 4：对关键控制点进行监控（M）。

监控：执行计划好的一系列观察和测量措施，从而评价一个关键控制点是否受到控制并做出准确的记录，以备将来验证时使用。

原理 5：建立纠偏措施（CA）。

当关键控制点极限值发生偏离时，应当执行预先制定好的文件性纠正程序。这些措施应列出恢复控制的程序和对受到影响的产品的处理方式。

纠偏措施应考虑以下两个方面：更正和消除产生问题的原因，以便关键控制点能重新恢复控制；隔离、评价以及确定有问题产品的处理方法。

原理 6：建立有效的信息保存系统（R）。

所有与 HACCP 体系相关的文件和活动都必须保存下来。

原理 7：建立验证程序（V），以确认 HACCP 体系运行的有效性，验证程序能提高置信水平。

3. 良好生产规范

良好生产规范（Good Manufacturing Practice，GMP）是贯穿食品生产全过程的控制措施、控制方法和相关技术要求的操作规范，GMP 通过制定详细的食品生产规程来解决食品生产中的主要质量和安全卫生问题，从而保障食品安全。GMP 最初产生是应用于药品的生产。第二次世界大战后频繁发生的药物灾难，尤其是 1961 年发生的震惊全世界的"反应停"事件，证明之前以最终成品抽样分析检验结果为依据的质量控制体系存在缺陷，无法保证药品的安全性。1962年，美国对《联邦食品、药品和化妆品法案》进行修改，美国食品药品监督管理局根据条例修改的规定，组织美国坦普尔大学的 6 名教授制定了世界上第一部药品的良好生产规范，GMP 于 1963 年在美国国会正式通过并以法令的形式颁布。

世界卫生组织在 1967 年出版的《国际药典》，将 GMP 收录到附录中。1969 年，美国食品药品监督管理局在食品的生产中引入 GMP 理念，并在 GMP 的基础上制定了《食品制造、加工、包装及储存的良好工艺规范》（CGMP）。

GMP 是一种具体的产品质量保证体系。它以现代科学知识和技术为基础，应用先进的技术和管理方法，对各项技术型标准做出了具体规定，可操作性强，是保证生产出高质量产品的直接、有效的手段。GMP 贯穿于食品原料生产、运输、加工、包装、储存、销售及使用的全过程，对人员、建筑物和设施、加工设备、生产和加工控制、仓储与销售等要素及环节，以及加工过程的控制管理，都提出了具体的要求。

4. 良好农业规范

良好农业规范（Good Agricultural Practice，GAP）于 1997 年由欧洲零售商农产品工作组（EUREP）首次提出；2001 年，GAP 标准由 EUREP 对外公开发布，并在 2007 年 9 月 7 日更名为 GLOBALGAP 标准。

GLOBALGAP 标准是一套保证初级农产品质量安全的标准体系，它以危害分析与关键控制点、可持续发展为基础，以农产品生产过程控制为核心，强调从源头解决食品安全问题。它通过规范种植/养殖、采收、清洗、包装、贮藏和运输过程管理，鼓励少使用或不使用农药，关注工人的健康、环境保护及动物福利。

2.5.3 追溯体系的科技创新情况分析

食品安全事件一旦发生，追根溯源就尤为重要，追溯体系就是这样应运而生的。

1. 中国食品安全追溯体系的建立过程

（1）中国食品安全追溯体系的创立。中国食品安全追溯体系建设始于 2004 年 4 月，当时的国家食品药品监督管理局联合农业部等八家单位全面启动食品药品放心工程，国家食品药品监督管理局等部门启动肉类食品溯源制度和系统建设项目。2004 年 6 月，中国条码推进工程办公室在山东省潍坊市寿光田苑蔬菜基地和洛城蔬菜基地开展"蔬菜安全可追溯性信息系统研究及应用示范工程"，2004 年 7 月，国务院组织召开常务会议，就食品安全问题作出重要指示。2004 年 9 月，国务院公布《关于进一步加强食品安全工作的决定》，明确提出将建立农产品质量安全追溯制度。同年，"进京蔬菜产品质量追溯制度试点项目"启动，该项目由北京市农业局和河北省农业厅共同承担，项目选择河北六县市蔬菜基地作为试点，使用统一的包装和产品追溯标签。

2005 年 9 月，北京市顺义区建立蔬菜分级包装和质量安全可追溯制度，消费者可登录北京市农业局网站，通过扫描包装箱上的条形码直接查询蔬菜生产流通过程中的信息；与此同时，济南市食品安全信用体系建设试点工作启动。为保障奥运食品安全，北京市于 2008 年推出奥运食品可追溯系统，采用 RFID 标识、全球定位系统（GPS）、自动控制等现代信息技术，实现了对奥运食品从生产基地到最终消费地的全程监控。

（2）中国的食品追溯相关指南和标准。参照国际物品编码协会的食品安全追溯指南，符合中国国情的《食品安全追溯应用案例集》《牛肉产品跟踪与追溯指南》和《水果、蔬菜跟踪与追溯指南》已相继出版。为应对欧盟水产品贸易追溯制度，提高中国水产品安全水平，国家质量监督检验检疫总局制定了《出境水产品溯源规程（试行）》。之后，中国制定了《饲料和食品链的可追溯性——体系设计与实施的通用原则和基本要求》（GB/T 22005—2009）和《饲料和食品链的可追溯性——体系设计与实施指南》（GBZ 25008—2010）两项食品安全可追溯国家标准，《农产品追溯编码导则》（NYT 1431—2007）、《农产品质量安全追溯操作规程通则》（NYT 1761—2009）、《农产品质量安全追溯操作规程——水果》（NYT 1762—2009）、《农产品质量安全追溯操作规程——茶叶》（NYT 1763—2009）、《农产品质量安全追溯操作规程——畜肉》（NYT 1764—2009）5 项行业标准，以及《奥运会食品安全——食品追溯编码规则》（DB11Z 523—2008）、《农产品质量安全追溯——生产单位代码规范》（DB34T 807—2008）、《果品质量安全追溯——产地编码技术规范》（DB13T 1159—2009）、《亚运会食品安全——食品追溯编码规则》（DBJ440100T 26—2009）4 项地方标准。此外，《食品可追溯性通用规范》《食品追溯信息编码与标识规范》两项国家标准已于 2009 年 12 月通过审定，还有若干食品安全追溯的国家标准在制定中。

2. 信息网络体系的情况分析

食品安全科技不仅仅指食品的检验检测技术等，而是只要与食品安全相关的科技都应该包含在内，因此，其内容包含范围极广，包括经济计量方法、经济计算机网络技术等。到目前为止，中国各地均建立了各种类别的食品安全可追溯系统。其中，具有典型性的食品可追溯系统如下：

（1）中国产品质量电子监管网。该平台由国家市场监督管理总局等国家有关部门联合委托中信国检信息技术有限公司运行。该平台利用网络和编码技术，为纳入管理的每件商品提供一个"身份证"，实现对商品的"一品一码"监管，数据库记录了拥有监管码商品的生产、流通、消费全过程信息，面向政府、企业、消费者等提供产品质量安全信息服务。消费者根据产品外包装上的监管码，可通过网站、短信、语音电话等方式了解产品的生产企业、生产日期、质量等方面的信息。

（2）国家食品（产品）安全追溯平台。国家食品（产品）安全追溯平台是中国物品编码中心针对具有生产许可证的食品生产企业，基于 EAN·UCC 国际通用编码系统（目前称为 GS1 系统），采用条码及自动识别技术构建，进行基于商品条码的追溯码查询、追溯信息监管、追溯系统构建的网络平台。平台立足于公众监督，协助政府对食品质量安全进行辅助管理，帮助消费者了解透明的生产制造过程。追溯平台覆盖种植养殖、农副产品加工、烘焙食品加工、预制食品、乳品加工等 13 类共 4 万多家企业，实施追溯的食品涵盖畜肉、禽肉、水果、蔬菜、海产品、乳制品和蛋、食用油等 13 类共 15 万多种。

（3）农垦农产品质量追溯系统。农垦系统作为我国农业战线的"国家队"，建设现代农业的"排头兵"，一直高度重视农产品安全工作。20 世纪 90 年代，农垦系统率先开展绿色食品生产认证；在 2002 年启动了"农垦无公害食品行动计划"；2003 年率先启动了农产品质量追溯试点工作；2008 年，正式开始农产品质量追溯项目建设。农垦系统在全国 23 个省的 56 家垦区龙头企业，建立了开放式、动态化、全过程监控的，涉及粮食、水果、肉类、茶叶、蔬菜 5 类 140 多个农产品的质量追溯系统，基本形成了"生产有记录、流向可追踪、信息可查询、质量可追溯"的农产品质量监督管理新模式。

（4）北京市农业局食用农产品质量安全追溯系统。为确保农产品质量安全，维护消费者合法权益，北京市农业局建立并开通了食用农产品质量安全追溯系统。该系统以蔬菜及部分水产品为追溯对象，实现了农产品生产、包装、储运和销售等环节的信息跟踪。食用农产品质量安全追溯系统通过网站、短信、电话、触摸查询屏 4 种方式向消费者提供信息追溯服务。该系统在北京 140 家蔬菜加工配送企业、30 多家水产品养殖企业进行了推广应用。

（5）上海市食用农产品流通安全追溯系统。2003 年，上海建立了食用农产品流通安全追溯系统，实现了食用农产品从"农田到餐桌"的质量控制。该系统追溯对象包括蔬菜、畜禽、禽蛋、粮食、瓜果、食用菌六大类。

（6）食品安全监管、追溯与召回公共服务平台。从 2003 年起，山东省标准化研究院开展农产品质量安全可追溯系统研究，目前，"食品质量安全追溯与监管平台"已建成并投入使用，追溯对象包括果蔬、肉类、水产品、粮油产品等。

2.5.4 食品安全领域专利数量分析

论及食品安全科技创新，就必须要了解有关食品安全专利的注册情况，图 2-5 显示了 2019 年主要国家和地区食品安全检测领域专利申请比例。

如图 2-5 所示，2019 年，除了中国以外，美国和日本在食品安全监测领域所拥有的专利申请数量最突出，表明这两个国家的技术都很成熟；国际上主要发达国家的申请数量都较多，表明食品安全检测技术在各国都很受重视；同时，中国这方面的专利申请量也比较多，表示中国政府对食品安全检测也是十分看重的。

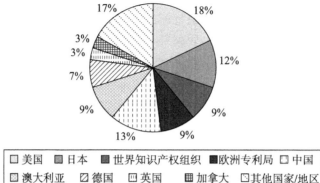

图 2－5　2019 年主要国家食品安全检测领域申请专利数量比例

虽然中国的食品安全科技创新体制还有很多方面需要改进，但是，随着国家和社会对此方面的关注，国家相继出台了一系列知识产权相关法律法规和鼓励政策，推动了国内知识产权事业的发展，中国技术人员对知识产权的认识得到了进一步提高，也更加注重对科研成果的专利保护。近年来，我国食品安全检测技术专利申请数量呈现不断增长的趋势。

2.5.5　北京市食品安全科技创新情况分析

首都食品质量安全保障专项是《北京技术创新行动计划（2014—2017 年）》的重要组成部分。该专项由北京市科学技术委员会（北京市科委）会同市农村工作委员会（农委）、食品药品监督管理局、农业局等部门共同组织开展，重点完成"食用农产品生产基地安全保障""食品生产加工质量安全保障""食品物流质量安全保障"和"食品质量安全检测监控"四项重点任务。

1. 支撑农产品源头安全

据介绍，2014 年 4 月起，北京市政府发布实施技术创新行动计划，积极推进政产学研用相结合的科技创新体系建设，不断提高自主创新能力，加快科技成果应用示范和产业化推广，为保证首都食品安全提供科技支撑。

（1）北京市科委的作用分析。专项实施以来，市科委从食用农产品标准化基地建设、安全投入品产业化开发、农资套餐服务等方面全方位开展科技创新和应用示范，有效支撑了养殖业加快升级，进一步提升了食品生产加工及食品质量安全检测监控水平，实现了肉蛋奶等重点产业食品安全的全程可追溯，全面保障了首都食品质量安全。

北京市科委还推动成立了首都生物安全投入品科技创新服务联盟，建立生物农药、生物肥料、生物饲料等安全投入品的研发平台，开发新型高效安全投入品新产品 55 种，其中 22 种实现产业化，推动亩均化肥施用量降低 30％，生物农药替代率达到 25％。开展农资安全投入品套餐服务与示范工作，累计推广应用面积 11.2 万亩①，辐射面积 21 万亩，实现北京农资供应主渠道 100％安全，有力地促进了"首都菜篮子"安全高效地生产。

（2）北京市农产品科技创新分析。目前，通过专项实施，北京市推动了食用农产品标准化基地创建及升级改造，集成应用一批菜篮子安全生产技术，推进健康养殖关键技术与装备研发示范，建立农产品标准化生产基地 1473 家，其中优级农产品标准化基地 556 家。

（3）乳制品的科技创新分析。乳制品的质量安全备受社会关注，在北京市科委的推动下，北京三元食品股份有限公司基于京津冀合作的大背景，建立了一个生产基地，投资 18 亿元，在产品健康保障方面实现突破，形成了母乳数据库，也形成了婴幼儿及配方奶粉健康评价体系和产品标准与安全控制体系，基于这些生产健康的婴幼儿配方奶粉。

2. 强化食品安全过程控制

在食品生产加工质量安全保障环节，北京市科委开展了食品制造技术、营养品质提升技术、高值化加工技术及资源综合利用技术的科技攻关。

（1）通过技术升级、工艺优化和产品创新，开发新技术、新工艺 31 项，开发全麦粉、中温和发酵肉制品、婴儿乳粉等优质营养健康产品 80 余种，推动实现 80％以上规模农产品加工企业通过 ISO、HACCP 体系认证。

（2）在北京市科委的总体部署和大力支持下，中粮营养健康研究院承担了农产品加工与食品制造关键技术与示范项目的研究工作。主要有以下几个方面：第一，建立食品质量与安全产业研发与服务平台；第二，开展粮油作物中真菌毒素的产生及控制技术研究与示范工作；第三，高膳食纤维食品产业化加工技术开发与产业化应用；第四，大豆深加工关键技术开发与产业化应用。

（3）在食品物流质量安全保障环节，北京市科委重点在北京新发地市场、顺鑫石门农产品批发市场、100 家大型超市、200 个规模社区等集成应用了 30 项安全生产、绿色防控、物流监控、产品追溯等配套技术，强化了批发市场食品质量检测监控能力，促进了社区直供物流配送模式创新，建立了畜肉、乳制品食品安

---

① 1 亩≈666.6666667 平方米。

全追溯信息管理平台，初步实现了北京市畜肉、乳制品等食品的信息可追溯。

（4）在食品质量安全检测监控环节，北京市科委推进首都食品质量安全"一库三平台"建设，初步建设了食品中风险危害物质筛查谱库，以及食品安全检测装备研发与协同应用、食品安全检测与防控技术研发和食品安全智慧监管信息化平台，显著提升了北京市食品安全监管的科技支撑水平，研发了灵敏度高、特异性强的分析方法和检测试剂 42 种，开发了无损快速检测设备、多指标分析检测设备等 15 种，初步实现了首都食品安全检测与监测全覆盖。

3. 推动食品安全协同创新

针对京郊和环首都农产品安全生产，北京市围绕农业科技创新和示范应用稳步推进和打造了一批安全农产品品牌，保障了首都菜篮子品质提升。

（1）从食品生产产业链的生产、加工、流通和检测四个环节，构建起"从农田到餐桌"全过程的质量安全体系。通过产学研协同创新，最终达到用标准化的规程和体系规范生产环节，保障生产源头安全的目的。

（2）用信息化的技术手段武装流通环节，实现食品的全程可追溯。

（3）用智能化的仪器和装备，防范、消除食品安全风险。

（4）通过技术创新行动计划，用最严谨的标准、最先进的技术、最严格的监管保障首都的菜篮子、米袋子和果盘子的安全，服务首都人民的食品安全。

北京市通过科技创新，搭建了非常好的食品安全检测平台，这个平台涵盖了多品种、全方位、高效率的产品检测技术，也集成了多种食品检验检测技术，包括农产品产地准出、销地准入、质量追溯，实现了食品安全可追溯。

3 中国食品安全科技创新体制制约因素分析

3.1 中国食品安全科技创新主体的制约因素分析

我国食品安全科技创新主体主要包括政府部门即食品规制主体、高等学校、研究机构以及食品生产和销售企业，另外还有个人和非政府组织等，属于多元化主体。食品安全科技创新往往不是由哪一个单位或组织独立承担和完成的，而是由多元化主体共同参与和完成的，包含几个相互依存的基本过程。正因为多元化主体的现实存在，决定了我国食品安全科技创新主体缺位和创新能力不足的现象。

科技主体创新的障碍因素可分为经济因素、能力因素和其他因素三个方面，本书的分析主要用科研经费的来源和执行来体现经济因素，用专利技术数量和论文发表数量来体现能力因素，其他因素分析中加入了人才数量等因素的分析。

3.1.1 政府公共研究部门创新制约因素分析

食品安全科技创新中的大量成果是由农业科技转化而来的，因此，本节分析主要以农业科技和农业从业人员等数据作为依据。

1. 政府不再是科研经费支出的最主要主体

改革开放以前，大量的科研经费都是由政府支出的，但是，从近些年的数据分析来看，政府已经从最主要主体的位置退居"二线"。

（1）政府属研究机构支出占比较少

从科研经费支出来看，政府属研究机构不再是科研经费支出的最主要主体，以 2019 年的数据来看，各类企业科研经费支出 16921.8 亿元，比上年增长11.1%。其中，政府属研究机构科研经费支出 3080.8 亿元，增长 14.5%；高等学校科研经费支出 1796.6 亿元，增长 23.2%。企业、政府属研究机构、高等学校科研经费支出所占比例分别为 76.4%、13.9% 和 8.1%，如图 3-1 所示。

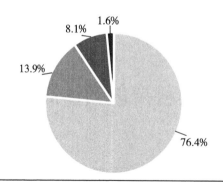

图 3-1　2019 年全国科研经费支出按来源划分

数据来源：《2019 年全国科技经费投入统计公报》。

（2）政府属研究机构科研经费支出逐年递减

从 2010—2019 年科研经费支出主体的情况来看，政府属研究机构科研经费支出所占的比例基本上是逐年降低的，如表 3-1 所示。相关数据分析充分说明，政府已经不再是科研经费支出的最主要主体。

表 3-1　　　　　2010—2019 年政府属研究机构科研经费支出占比　　　　　单位:%

年份	2010	2011	2012	2013	2014	2015	2016	2017	2018	2019
政府属研究机构科研经费支出占比	24	21.7	21.6	21.1	14.8	15.1	14.4	13.8	13.7	13.9

数据来源：《2010—2019 年全国科技经费投入统计公报》。

2. 政府规制机构缺乏科研执行力

政府规制的高效执行要求规制部门的科技水平高于企业，只有掌握了更高、更新的科技，政府规制部门才能占据监管活动的主动地位，如若相反，政府规制部门必将陷入被动。

3. 政府规制机构缺乏科研创新的成果

仅以专利申请为例，企业已经替代政府成为专利申请的最主要主体，2019年，我国规模以上的工业企业中有专利申请的企业比例达到 22.3%；国内发明专利申请中企业的比例达到 65.0%，较上年提高 0.6 个百分点。

3.1.2 高等学校创新制约因素分析

1. 高等学校科研经费执行能力存在问题

（1）高等学校不是科研经费执行的最主要主体

以 2019 年科研经费的执行机构为例，如图 3-1 所示，最主要的主体依然是企业，其次是政府属研究机构，再次才是高等学校，高等学校占比仅有 8.1%。

从表 3-2 中可见，高等学校在科研经费的执行主体中占比常年不到 9%，较弱的执行力带来的必然是科研成果的缺乏。

表 3-2　　　2010—2019 年高等学校在科研经费执行主体中占比　　　单位：%

年份	2010	2011	2012	2013	2014	2015	2016	2017	2018	2019
高等学校在科研经费执行主体中占比	8.5	7.9	7.6	7.2	6.9	7.0	6.8	7.2	7.4	8.1

数据来源：《2010—2019 年科技统计数据年鉴》。

（2）中国高校和科研机构技术交易合同项数占比较低

企业法人在技术市场上作为技术交易最大输出方和最大吸纳方，其双向主体地位近年来不断稳固并突显。2018 年，企业全年输出和吸纳技术合同成交额分别占全国的 90.3% 和 78.5%。

2. 高等学校科研人员数量不断减少

高等学校科研人员占比持续下降。2018 年，高等学校科研人员全时当量为41.1 万人·年，比上年增长 7.5%，占全国科研人员总数的 9.4%，与上年基本持平；高等学校科研机构有 16280 个，比上年增长 8.7%。

高等学校的科研人员占全国科研人员的比例从 2004 年的 18.4% 持续下降到2018 年的 9.4%，如图 3-2 所示，2000—2018 年高等学校科研人员及其占全国科研人员的比例尽管在 2004 年小幅增加，但总体趋势都是不断减少的。

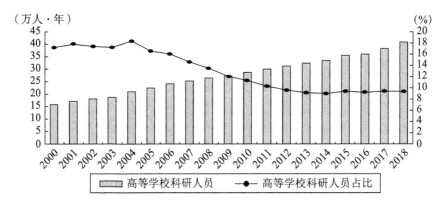

图 3-2　2000—2018 年高等学校的科研人员占全国科研人员的比例

3. 高等学校人员科研任务过于繁重

2018 年全国科研人员全时当量中，高等学校占 49.6％，高出研究机构 18.2％。2018 年，高等学校作为第一作者署名单位发表 SCI（科学引文索引）论文 32.0 万篇，比上年增长 17.2％。2006 年以来，高等学校 SCI 论文占全国 SCI 论文的比例一直保持在 80％以上，2018 年该比例为 85.1％，比上年提高 0.7 个百分点，如图 3-3 所示。这些数据充分说明了高等学校科研人员在多数人要完成教学任务的同时，科研时间多于科研机构，取得了比科研机构更多的研究成果。

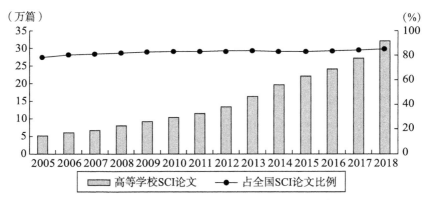

图 3-3　2005—2018 年高等学校 SCI 论文及其占全国 SCI 论文的比例

数据来源：《2018 年我国高等学校 R&D 活动统计分析》。

3.1.3　食品生产和销售企业创新制约因素分析

1. 经济类制约因素分析

（1）中国科研经费占 GDP 比例低于部分发达国家和发展中国家

一个国家的科研经费占 GDP 的比例可以作为一个国家是否重视科研创新的重要指标加以考量，尽管从科研经费的来源和执行来看，中国企业在科技创新中都居于首位，科研资金数量也居于世界领先水平，但是，对比部分发达国家和发展中国家，中国的科研经费占 GDP 的比例较低，有待提高，如图 3 - 4 所示，2019 年中国科研经费占 GDP 的比例仅为 2.1%，低于法国、美国、德国、日本和韩国。

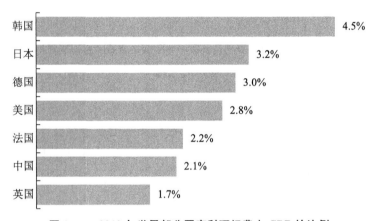

图 3 - 4　2019 年世界部分国家科研经费占 GDP 的比例

数据来源：《世界银行 2019 年科技统计数据报告》。

（2）科研经费的来源中企业占比较低

政府资金一直是研究机构科研经费的主要来源。2005 年以来，政府资金占研究机构科研经费的比例虽然有一定波动，但始终保持在 80% 以上。如图 3 - 5 所示。

2018 年，研究机构科研经费中，来源于政府的资金为 2284.9 亿元，所占比例为 84.9%，比上年提升了 1.7 个百分点。

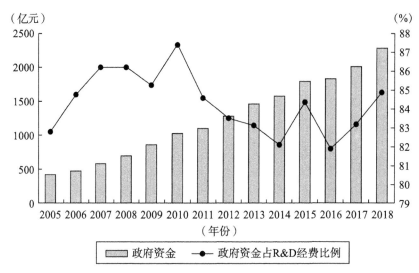

图 3 - 5 2005—2018 年研究机构科研经费来源于政府的资金及其所占比例

数据来源：《2018 年我国高等学校 R&D 活动统计分析》。

（3）食品相关行业企业经费投入强度较低

从表 3 - 3 中可以看出，食品制造业经费投入强度一直维持在 70% 以下，农副食品加工业经费投入强度也一直维持在 50% 以下，这充分说明食品制造业的科研经费投入明显不足。

表 3 - 3 2013—2017 年分行业规模以上工业企业科研经费投入情况

年份	2013	2014	2015	2016	2017
全部经费投入（亿元）	8318.4	9254.3	10013.9	10944.7	12013.0
农副食品加工业经费投入（亿元）	173.0	195.9	216.0	249.7	274.6
农副食品加工业经费投入强度（%）	29	31	33	36	46
食品制造业经费投入（亿元）	98.5	112.7	135.4	152.8	148.1
食品制造业经费投入强度（%）	53	55	62	64	67

数据来源：《2013—2017 年全国科技经费投入统计公报》。

2. 企业能力类制约因素分析

2019 年，我国规模以上工业企业中有专利申请的企业比例达到 22.3%，远低于美国企业 47% 的同年水平。2018 年，全国开展创新活动的企业数为 30.8 万家，占全部企业的 40.8%，其中，实现创新的企业为 28.8 万家，仅占全部企业的 38.2%，同时实现四种创新（产品创新、工艺创新、组织创新、营销创新）的企业为 6.1 万家，仅占全部企业的 8.1%。

3. 其他制约因素分析

其他影响食品生产和销售企业创新的因素还包括食品生产的技术及其标准制约、食品生产和销售企业的人才制约、食品生产和销售企业的科技转化制约和食品生产和销售企业的激励制度制约等，而这些因素涉及的是本章第三节的相关内容，因此，不在此处赘述。

综上所述，我国食品生产和销售企业还没有成为真正有竞争力的食品安全科技创新主体。

3.1.4 个人和非政府组织缺乏食品安全科技创新动力

食品安全科技创新的另外两个主体就是个人和非政府组织，目前，我国缺乏对食品安全科技创新的个人奖励，激励机制的欠缺必然导致创新成果的缺失。非政府组织作为特殊主体，其对于食品安全规制有着与政府组织和企业截然不同的监管方法、原则和手段，此部分的内容在第 6 章作为单独的一章加以分析。

3.2 中国食品安全科技创新机构的制约因素分析

本章以天津市规制机构整合作为研究重点和创新点，结合对天津市多个规制机构调研的一手数据，对天津市食品安全监管机构的整合进行系统分析。

3.2.1 单一食品安全规制机构设立的理论基础

本章使用改造以后的斯塔克尔伯格博弈模型，分析食品安全监管部门之间就预算规模展开的博弈。在斯塔克尔伯格博弈模型中，博弈参与者的行动有先后顺序，而且后行动者在行动之前能够观测到先行动者的决策。在这一博弈过程中，政府和食品安全监管部门是主要的参与人。首先，政府做决策，会根据本国实际情况，从财政收入中划出一部分作为食品安全监管费用，以确保食品安全。然后，各食品安全监管部门根据其分得的财政资源，提供食品安全监管服务。

假设食品安全监管部门在与政府的博弈中采取合作的态度，作为代理人的各监管部门与作为委托人的政府之间不存在委托—代理关系，即各方将追求食品安全、保证人民健康视作一致目标。各个监管部门履行职责的能力，取决于其获得预算的规模。以此为假设，分别构建单主体和多主体的预算博弈模型，并分析优劣情况。

1. 单主体预算博弈模型

将所有的食品安全监管部门看成一个博弈参与者，政府则作为另外一个博弈参与者，模型假设如下：

设政府的财政收入为 R，全国的财政总需求为 D，实际财政支出总额为 X，食品安全监管部门的需求费用量为 A，其实际获得的财政规模为 Y。

从政府角度分析，政府以追求社会福利最大化和持续发展为目标，其决策通常要考虑以下几个方面：

第一，实际财政支出应该尽量满足全国对财政的总需求，因此 $(D-X)^2$ 要尽量接近 0；第二，为保障人民健康和生命安全，尽量满足食品安全监管部门费用的需求，$\ln\dfrac{Y}{A}$ 应尽量接近 0；第三，在满足食品安全监管部门费用需求的情况下，实现其他目标（如经济发展），降低食品安全监管费用在实际财政支出中的比例，即 $\ln\dfrac{X}{Y}$ 应尽量小；第四，与食品安全监管部门的博弈成本 C_1 应尽可能小，则政府的目标函数为：

$$Z = (D-X)^2 + \ln\frac{Y}{A} + \ln\frac{X}{Y} - C_1^2 \qquad (公式 1)$$

s.t.：$X+Y \leqslant R$；$Y \leqslant X$；$X \leqslant D$；$Y \leqslant A$；$C_1 \geqslant 0$

食品安全监管部门采取合作的态度，从食品安全监管和国家大局出发，考虑以下几方面：

第一，使预算博弈结果尽量满足食品安全监管需要，即 $(A-Y)^2$ 尽量小；第二，从国家大局出发，尽量减少食品安全监管费用在实际财政支出中所占的比例，即 $\dfrac{Y}{X}$ 应尽量小；第三，与政府的博弈成本 C_2 尽可能小，则食品安全监管部门的目标函数为：

$$J = (A-Y)^2 + \frac{Y}{X} - C_2^2 \qquad (公式 2)$$

s.t.：$X+Y \leqslant R$；$Y \leqslant X$；$X \leqslant D$；$Y \leqslant A$；$C_2 \geqslant 0$

为了解出上述博弈方程，假定首先由政府根据财政收入情况确定实际财政总支出 X，然后再由食品安全监管部门根据自身效用最大化原则，依据 X 选择 Y；同时，政府可以预测食品安全监管部门的决策，则食品安全监管部门和政府的最优决策问题就变成：

$$\min J = (A-Y)^2 + \frac{Y}{X} - C_2^2 \qquad (公式 3)$$

$$\min Z = (D - X)^2 + \ln\frac{Y}{A} + \ln\frac{X}{Y} - C_1^2 \qquad \text{（公式 4）}$$

由公式 3、公式 4 解得均衡预算分配结果：

$$X^* = \frac{(2DA + 1) + \sqrt{(2DA + 1)^2 - 8A(D + A)}}{4A}$$

$$Y^* = A - \frac{2A}{(2DA + 1) + \sqrt{(2DA + 1)^2 - 8A(D + A)}}$$

2. 多主体预算博弈模型

多主体预算博弈模型与上一模型的不同之处在于，由多个预算主体同时与政府进行博弈，假设有 n 个食品安全监管部门参与博弈，政府作为单个主体，为博弈的另一方，则对于政府来说，其目标函数仍是：

$$Z = (D - X)^2 + \ln\frac{Y}{A} + \ln\frac{X}{Y} - C_1^2 \qquad \text{（公式 5）}$$

s. t.：$X + Y \leqslant R$；$Y \leqslant X$；$X \leqslant D$；$Y \leqslant A$；$C_1 \geqslant 0$

对于食品安全监管部门而言，多元主体已经形成，函数形式会发生变化。用 Y_i 代表第 i 个主体的博弈结果，则 A_i 是第 i 个主体的经费需求。对第 i 个主体来说，其目标函数为：

$$J_i = (A_i - Y_i)^2 + \frac{Y_i}{X} - C_{2i}^2 \qquad \text{（公式 6）}$$

s. t.：$X \leqslant D$；$Y_i \leqslant A_i$；$C_{2i}^2 \geqslant 0$

根据公式 5、公式 6，可以列出多元主体下的最终方程组：

$$J_i = (A_i - Y_i)^2 + \frac{Y_i}{X} - C_{2i}^2 (i = 1, \cdots, n) \qquad \text{（公式 7）}$$

$$Y = \sum_{i=1}^{n} Y_i；A = \sum_{i=1}^{n} A_i；C_2 = \sum_{i=1}^{n} C_{2i}$$

政府是先行动者，政府首先确定实际财政支出 X，之后食品安全监管部门根据自身效用最大化原则，依据 X 选择 Y_i，因此各食品安全监管部门和政府的最优决策问题用函数可以表示为：

$$\min J_i = (A_i - Y_i)^2 + \frac{Y_i}{X} - C_{2i}^2 \qquad \text{（公式 8）}$$

$$\min Z = (D - X)^2 + \ln\frac{Y}{A} + \ln\frac{X}{Y} - C_1^2 \qquad \text{（公式 9）}$$

解公式 8、公式 9 得均衡预算分配结果为：

$$X' = \frac{(2DA + 1) + \sqrt{(2DA + 1)^2 - 8A(D + A)}}{4A}$$

$$Y' = A - \sum_{i=1}^{n} \frac{1}{2X'} = A - \frac{n}{2X'}$$

3. 模型分析与验证

将多主体预算博弈的结果与单主体预算博弈下的均衡结果相比，发现 $X' = X^*$，即政府独立确定实际财政支出，与参与博弈的食品安全监管部门的个数无关。但是 $Y' = Y^* - \frac{n-1}{2X'}$，即 $Y' < Y^*$，说明在多个主体参与博弈的条件下，尽管国家实际财政支出规模不变，但食品安全监管部门获得的预算总规模减小。因为已经假设作为代理人的各食品安全监管部门与作为委托人的政府之间不存在委托—代理关系，即追求食品安全、保证人民健康是各方一致的目标，各食品安全监管部门履行职责的能力，取决于其获得预算的规模。因此，在多主体参与预算博弈时会削弱食品安全总体监管能力。

3.2.2 中国食品安全规制机构演变情况分析

1. 各规制机构分段规制阶段

在国家食品药品监督管理总局成立之前，中国食品安全规制机构曾经有农业局、工商局、卫生局、质量技术监督局、出入境检验检疫局和食品药品监督管理局。各个规制机构职能划分不明确，采取分段式规制方式。

国务院于 2004 年 9 月颁布了《国务院关于进一步加强食品安全工作的决定》（以下简称《决定》），在规制体制上首次明确了"按照一个监管环节一个部门监管的原则，采取分段监管为主、品种监管为辅的方式"。各个部门职责包括两方面：一方面，农业部门负责初级农产品生产环节的监管，质检部门负责食品加工环节的监管，工商部门负责食品流通环节的监管，卫生部门负责餐饮业和食堂等消费环节的监管；另一方面，食品药品监督管理部门负责对食品安全的综合监督工作，组织协调和依法查处重大安全事故。

从理论分析已经得到的结论可以看出，多主体参与预算博弈，会削弱食品安全总体监管能力，而且，多主体规制的职能划分无法做到事无巨细，因此，相应的食品安全问题就会产生，现实中发生的"三鹿奶粉"事件已经印证了这一问题，规制职能交叉和分散，甚至职能空白的情况，不仅增加了各个规制机构的规制成本，而且削弱了政府公信力。

2. 国家食品药品监督管理总局规制阶段

2013 年 3 月 22 日，"国家食品药品监督管理局"（State Food and Drug Administration，简称 SFDA）改名为"国家食品药品监督管理总局"（China Food and Drug Administration，简称 CFDA）。这意味着这一新组建的正部级部门正式

对外亮相，食品安全多头分段规制局面结束。

CFDA 是国务院综合监督管理药品、医疗器械、化妆品、保健食品和餐饮环节食品安全的直属机构，负责起草食品（含食品添加剂、保健食品，下同）安全、药品（含中药、民族药，下同）、医疗器械、化妆品监督管理的法律法规草案，制定食品行政许可的实施办法并监督实施，组织制定、公布国家药典等药品和医疗器械标准、分类管理制度并监督实施，制定食品、药品、医疗器械、化妆品监督管理的稽查制度并组织实施，组织查处重大违法行为。

根据第十二届全国人民代表大会第一次会议批准的《国务院机构改革和职能转变方案》和《国务院关于机构设置的通知》（国发〔2013〕14 号），设立国家食品药品监督管理总局（正部级），为国务院直属机构。

3. 国家市场监督管理总局规制阶段

2018 年 3 月，根据第十三届全国人民代表大会第一次会议批准的国务院机构改革方案，国家食品药品监督管理总局职责整合，组建了中华人民共和国国家市场监督管理总局，不再保留国家食品药品监督管理总局。国家市场监督管理总局是国务院直属机构，为正部级。2018 年 4 月 10 日，国家市场监督管理总局正式挂牌。

3.2.3 完善国家市场监督管理总局规制职责

为进一步推进国家市场监督管理总局职责转变，必须要完善以下几个方面。

1. 大力推进质量提升

加强全面质量管理和国家质量基础设施体系建设，完善质量激励制度，推进品牌建设。加快建立企业产品质量安全事故强制报告制度及经营者首问和赔偿先付制度，创新第三方质量评价，强化生产经营者主体责任，推广先进的质量管理方法。全面实施企业产品与服务标准自我声明公开和监督制度，培育、发展技术先进的团体标准，对标国际，提高国内标准整体水平，以标准化促进质量强国建设。

2. 深入推进简政放权

深化商事制度改革，改革企业名称核准、市场主体退出等制度，深化"证照分离"改革，推动"照后减证"，压缩企业开办时间。加快检验检测机构市场化社会化改革，进一步减少评比达标、认定奖励、示范创建等活动，减少行政审批事项，大幅压减工业产品生产许可证，促进营商环境优化。

3. 严守安全底线

遵循"最严谨的标准、最严格的监管、最严厉的处罚、最严肃的问责"要求，依法加强食品安全、工业产品质量安全、特种设备安全监管，强化现场检查，严惩违法违规行为，有效防范系统性风险，让人民群众买得放心、用得放心、吃得放心。

4. 加强事中事后监管

加快清理、废除妨碍全国统一市场和公平竞争的各种规定和做法，加强反垄断、反不正当竞争统一执法。强化依据标准监管，强化风险管理，全面推行"双随机、一公开"和"互联网＋监管"，加快推进监管信息共享，构建以信息公示为手段、以信用监管为核心的新型市场监管体系。

5. 提高服务水平

加快整合消费者投诉、质量监督举报、食品药品投诉、知识产权投诉、价格举报专线。推进市场主体从准入到退出的全过程便利化，主动服务新技术新产业新业态新模式发展，运用大数据加强对市场主体的服务，积极服务个体工商户、私营企业和办事群众，促进大众创业、万众创新。

3.3 中国食品安全科技创新机制的制约因素分析

尽管我国的食品安全科技水平近年来取得了一定的进步和发展，但是食品安全保障能力仍需要大幅提高。随着食品安全新问题的不断发现，以及环境的不断恶化，我国粗放式的食品生产模式和方式仍然没有改变，我国食品安全科技创新的形势依然严峻，其发展受到诸多限制。

3.3.1 食品安全科技创新投入机制制约因素分析

科技创新的投入主要指科研经费的投入，其投入来源主体主要有政府、企业、国外部门和其他部门。科研经费投入是一切研发的根本，其总量和结构等因素决定了科研的重点、方向和深度，中国科研投入增量和强度增加的同时，食品安全类科技产出却与之不成比例，限制了我国食品安全科技创新。

1. 中国科研投入对比美国依然有差距

据统计，2018 年中国在科研上投入的费用仅次于美国，排全球第二名，科研经费总量高达 1.96 万亿元人民币，比 2017 年的近 1.76 万亿元又增长了 11.6％，且约为同期中国 90.03 万亿元 GDP 的 2.18％。

数据统计，2018 年中国专利合作条约（Patent Cooperation Treaty，PCT）专利的申请量约为 46253 件，在世界排名中名列第二。排名第一的美国申请量为 51192 件，中国与美国相比，仍然有一定差距。

2. 中国科研经费占 GDP 比例有待提高

2018 年，中国科研经费占 GDP 的比例为 2.18％；美国的科研经费占 GDP

的比例为 2.8%；韩国科研经费占 GDP 的比例为 4.5%；日本科研经费占 GDP 的比例为 3.42%；俄罗斯科研经费占 GDP 的比例为 1.1%；欧盟科研经费占 GDP 的比例为 2.07%。中国科研经费占 GDP 的比例低于韩国、日本和美国，如图 3-6 所示。

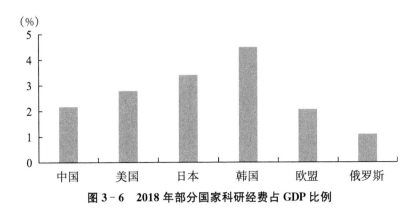

图 3-6　2018 年部分国家科研经费占 GDP 比例

3. 中国科研经费投入总量与产出不成比例

（1）中国科技论文刊发量和篇均被引用次数有待提高

如表 3-4 所示，在 2008—2018 年发表科技论文 20 万篇以上的国家（地区）排名中，中国名列第二，但是，对比美国依然差距较大，只占美国的 57.93%，尤其是篇均被引用次数，对比其他国家差距明显，在世界排名中只有第 16 名，这和论文的刊发数量不成比例。①

表 3-4　　　　2008—2018 年发表科技论文 20 万篇以上的国家（地区）论文数及被引用情况

国家（地区）	论文数		被引用次数		篇均被引用次数	
	篇数	位次	次数	位次	次数	位次
美国	3922346	1	70130397	1	17.88	5
中国	2272222	2	22723995	2	10	16
英国	1239412	3	21794333	3	18.39	3
德国	1042716	4	17452258	4	16.74	7
日本	820886	5	10064483	7	12.26	13

① 篇均被引用次数是体现论文质量和影响力的重要指标，说明该论文被同学科人员的认可情况。

国家（地区）	论文数		被引用次数		篇均被引用次数	
	篇数	位次	次数	位次	次数	位次
法国	728211	6	11707974	5	16.08	9
加拿大	649786	7	10809115	6	16.63	8
意大利	633688	8	9649571	8	15.23	11
印度	559822	9	4925388	14	8.8	18
西班牙	549582	10	7907313	10	14.39	12
澳大利亚	545752	11	8474129	9	15.53	10
韩国	521368	12	5491701	13	10.53	15
巴西	409878	13	3454699	17	8.43	19
荷兰	379242	14	7566912	11	19.95	2
俄罗斯	327019	15	2128475	25	6.51	22
瑞士	280369	16	5884932	12	20.99	1
中国台湾	270174	17	2898369	18	10.73	14
土耳其	267377	18	1912240	29	7.15	21
伊朗	261703	19	1964969	28	7.51	20
瑞典	252797	20	4474392	15	17.7	6

（2）中国食品安全类科技论文产出不足

世界各国家（地区）在不同学科产出的论文份额，可反映其优先资助和重点发展的科学领域。如表 3-5 所示，2008—2018 年我国各学科产出论文与世界平均水平相比较，占比排名前五的学科分别是材料科学、化学、工程技术、计算机科学和物理学，而这五个学科和食品安全科技相关的内容并不多，而和食品安全科技相关的几个学科，例如生物与生物化学、农业科学、临床医学和经济贸易的排名都比较靠后。

表 3-5　　　2008—2018 年我国各学科产出论文与世界平均水平比较

学　科	论文数		被引用次数		世界排位	位次变化趋势	篇均被引用次数	相对影响
	篇数	占世界份额%	次数	占世界份额%				
材料科学	254200	31.41	3032862	30.58	1	—	11.93	0.97
化学	426823	25.3	5831765	23.56	2	—	13.66	0.93

续 表

学 科	论文数		被引用次数		世界排位	位次变化趋势	篇均被引用次数	相对影响
	篇数	占世界份额%	次数	占世界份额%				
工程技术	275312	22.21	1991762	21.16	2	—	7.23	0.95
计算机科学	75686	21.53	461116	19.98	2	—	6.09	0.93
物理学	237003	21.47	2167390	17.19	2	—	9.14	0.8
数学	83165	19.78	356043	19.5	2	—	4.28	0.99
地学	80366	18.07	824521	15.01	2	↑1	10.26	0.83
分子生物学与遗传学	76243	16.52	940742	8.63	4	↑2	12.34	0.52
药学与毒物学	61233	15.5	574539	11.47	2	—	9.38	0.74
环境与生态学	72607	15.46	727591	12.08	2	—	10.02	0.78
生物与生物化学	107796	14.73	1165956	9.58	3	↑1	10.82	0.65
综合类	2960	14.13	40122	12.86	3	—	13.55	0.91
农业科学	53894	13.06	466759	13.01	2	—	8.66	1
微生物学	25586	12.6	229289	7.47	5	—	8.96	0.59
植物学与动物学	75626	10.43	653467	9.74	2	↑2	8.64	0.93
空间科学	13457	9.18	169071	6.45	13	—	12.56	0.7
临床医学	239767	8.9	2081645	6.06	8	↑2	8.68	0.68
免疫学	21045	8.28	242659	5.09	11	—	11.53	0.61
神经科学与行为学	41750	8.23	442306	4.88	9	↑1	10.59	0.59
经济贸易	14391	5.33	86869	3.91	9	—	6.04	0.73

3.3.2　食品安全科技创新技术制约因素分析

1. 食品安全科技标准不统一

中国的食品安全监管体制在食品安全鉴定方面缺乏统一的标准，市场上的食品安全标准参差不齐，消费者对食品安全的判断能力较弱，在实际应用中标准的不统一使检测结果不被广泛认可；中国的食品安全创新体制所依托的中坚力量大多是一些研究机构，这也间接地导致了食品安全科技在应用上的成本偏高，从而不能够得到广泛应用。

2. 食品安全科技应用存在障碍

中国在食品安全科技创新方面投入的力度逐年增加，所取得的专利数也逐年增加，可是，这些技术上的突破在应用到现实中时却存在着障碍，即使我们有相关的专利技术，其在应用上也不能充分发挥其作用。

（1）缺乏科研成果技术经纪人团队

技术经纪人是指在技术市场中，以促进科研成果转化为目的，为促成他人技术交易而从事居间、行纪或代理等经纪业务，并取得合理佣金的自然人、法人和其他组织，具体包括技术经纪人事务所、技术经纪人公司、个体技术经纪人员和兼营技术经纪的其他组织。

科技成果向生产力转化是一项十分复杂的系统工程，不仅涉及技术、设备、工艺，还与投资、管理、营销等环节密切相关。在高新技术及其产品日益成为经济发展的重要支柱产业的今天，仅靠科技人员或一个研究群体，或靠管理、行政部门来负责成果转化的做法，已经不能适应市场经济发展，更谈不上有效促进科技成果进入企业第一线了，只有科技人员、管理人员及技术经纪人等多个不同层次的群体共同努力，才能完成科研成果的技术转化工作。高等学校技术经纪人是科研成果进入市场的催化剂，是促进现代化进程的推进器。

目前，在我国科研成果技术转化方面，存在着职业经纪人少、兼职从事该项工作的人多等一系列问题，具体来说，从事初级中介业务的人较多，参与系统、深入业务的人较少，真正从头到尾参与食品技术转化过程的人更是少之又少。同时，我国科研成果技术转化经纪人业务渠道不畅通、经济来源不稳定，其地位、作用并没有获得普遍认可，其报酬无法和他们付出的劳动以及创造的社会价值直接挂钩。

（2）缺乏完善的科技支撑转换平台

近年来，我国的食品安全科技创新能力有了较大进步，但是风险评估与预警、检测追溯、食物中毒处置等方面平台建设还不够完善。面对复杂、严峻的全球公共卫生形势，我国应进一步加强食品安全前沿技术研究。在食品安全应急平台关键技术方面，应建设一批国家重点实验室、国家工程技术研究中心，并与已经批准建设的企业国家重点实验室和工程中心形成布局合理、覆盖全面、强而有力的风险防范评估、监测、预警等安全防、监、控体系。

（3）科研机构的应用研究产生的经济效益低下

诸多的食品安全科技成果即使得到了应用，往往也会因为其应用成本居高不下而导致企业纯利润的减少，具体来说，一是受企业规模的限制；二是科技推广的力度不够，使得采用先进科技进行食品生产和销售的企业较少，从而导致某项技术长期处于试用阶段，无法进行大规模标准化生产，经济利益的实现受到阻碍；三是某些食品安全科技的创新没有考虑到成本因素，致使食品生产和销售企业对于这类科技的应用普遍存在抗拒心理，而少量采用该项技术的企业也没能通过科技创新获利。总之，食品生产和销售企业缺乏创新动力的主要原因就是经济效益实现受阻。

3. 食品安全科技引进存在障碍

西方发达国家长期垄断技术并阻碍技术出口，导致我国无法有效地引进先进技术并创造经济利益。西方发达国家在长期的食品安全应用和研发中处于主导地位，并制定了大量的科技标准，同时，这些国家对于科技的出口采取了诸多限制手段，使包括我国在内的发展中国家在市场机制下引进先进的食品安全科技受阻，长期处于食品安全科技应用的低端市场地位。

3.3.3　食品安全科技创新激励机制制约因素分析

1. 缺乏完善的激励制度

（1）企业优惠制度欠缺

与其他国家相比，我国食品安全科技创新缺乏完善的激励制度。发达国家在食品安全科技创新上有着完善的激励制度，充分发挥着政府的推动作用，培育了良好的食品科技创新环境，不管是国家研究机构还是企业，都可以享受到政府的优惠政策，这大大促进了食品安全科技创新的发展。而我国的食品安全科技创新近年来虽然也获得了国家的支持，但是，总体来说，由于食品安全保障方面相关机制的不成熟，我国食品安全科技创新发展有待加速。我国对于食品安全科技创新的激励，与发达国家相比，还有着一定差距。

（2）科研机构和高等学校的激励制度不完善

我国对科研机构和高等学校的食品安全科技创新激励缺乏长效有力的制度保障，使该类事业单位相关科研人员的收入得不到有效保障。

2. 缺乏完备的科技创新激励法律保障体系

发达国家围绕着促进食品科技创新活动、保护食品科技创新成果、强化食品科技创新成果的转移，建立了完备的法律保障体系，很多发达国家都出台了一系列的经济政策，积极支持食品安全科技创新。相比之下，我国的食品安全科技创新成果的法律保障体系尚不健全，缺乏有效的法律保障。

3.3.4　食品安全科技创新人才市场机制制约因素分析

长期以来，我国不够重视有关食品安全科技创新方面人才的培养和引进，使我国没能建立完善的食品安全科技人才团队，在食品安全科技创新人才储备方面存在不足。

1. 欠缺科学的人才评价与发现机制

当前我国在引进高层次人才的过程中，大部分单位都是基于自身用人需求以及内部考核办法来进行人才引进，这种具有自发性的人才引进模式忽略了地方整体的人才计划与人才战略，同时也导致地方政府对高层次人才能否满足地方科技、产业的发展难以做出准确的考量。这一问题的存在，使地方政府在人才引进方面投入的资金难以实现效用的最大化，并且用人单位在人才评价方面过分侧重量化评估，也限制了中青年优秀人才的引入。

2. 片面重视人才数量而忽略质量

当前，我国各地在引进高层次人才方面所做出的研究与实践都处于探索阶段，因此，在引进高层次人才的过程中，不可避免地会出现对高层次的概念以及划分认知模糊的问题。部分地方在高层次人才的引进中，将学历作为主要的引入依据，并且过分重视这一依据，导致地方在高层次人才引进中出现年龄结构缺乏合理性的问题，不利于特殊人才以及重点人才的引进。

3. 对企业引进的高层次创新人才欠缺政策支持

部分地方的人才引进政策，对享受安家补贴的人才范围做了界定，规定享受这些优惠政策的高层次创新人才主要是进入科研院所以及高等学校的科研型人才，这些人才所具有的能力对于地方整体科研水平的提升作用要十分明显，并且其科研项目也要有利于本土人才的培养以及更多外来人才的引进。虽然这些人才对地方发展所做出的贡献不容忽视，但是地方政府需要认识到，只有科研成果实现向生产力的转化，才能够为地方带来经济效益。然而，企业引进的高层次创新人才作为推动科研成果向生产力转化的主要力量，并没有得到足够的重视，而这种情况也会对高层次创新人才对区域企业的选择产生很大影响。如果高层次创新人才对区域企业岗位没有强烈的求职意向，则会使区域企业在人才引进方面面临瓶颈，同时也会制约地方经济的进一步发展，因此，认识到这一问题，加强地方高层次创新人才引进政策对企业人才的关注，是十分必要的。

3.3.5 食品安全科技创新环境和信用制约因素分析

在相当长的一段时间内，我国食品生产企业的发展模式仍然是粗放式的食品生产模式，采用的是低价收购食品原料、低科技水平生产并低价竞争的发展路径，缺乏良好的食品安全科技创新环境，甚至会出现"谁创新谁亏损"的柠檬市场，创新企业会因为食品安全科技创新的投入导致成本上升而处于市场竞争的不利地位，构建良好的食品安全科技创新环境，已经是食品安全科技发展的当务之急。

我国食品安全的社会信用制度尚不成熟。诚信是立足之本，这对一个人、一个企业、一个行业、一个国家来说都是亘古不变的真理，在食品安全这一关乎国计民生的行业，诚信更显得尤为重要。因此，在全社会营造诚信经营的氛围，是解决食品安全问题的根本之策。但是，在当今社会，假冒伪劣产品仍然存在，食品行业也不例外。行业自律机制不健全导致一些商家为了获取更高的报酬和利润，通过各种手段，处心积虑制造假冒伪劣产品，而消费者往往不能辨别食品的真假，无法保证食品的安全性、可靠性，这就直接影响了人们对经济和社会安全的期望。

4 典型国家和地区食品安全科技体制创新经验总结

4.1 美国的食品安全科技体制创新

与发展中国家相比，美国的食品安全科技体制相对完善，借鉴美国的食品安全规制体制安排和食品安全科技创新经验，对完善我国的食品安全科技创新体制有着深远的意义。

4.1.1 美国食品安全规制体制现状

1. 美国政府机构规制机构现状

美国有五个主要的食品安全管理机构：美国农业部（USDA）、美国国家环境保护局（EPA）、美国卫生与公众服务部（HHS）、美国国家经济作物部酒精和烟草局（DTBATF）以及美国商务部（USDC）。这五个不同的机构的划分标准是食品种类。美国农业部下属的食品安全检验局负责肉类、家禽和蛋类加工产品，并与美国农业部农业市场服务局合作检测蛋制品。美国国家环境保护局主要监管饮用水和由海产品、植物、肉和禽制造的包装产品。美国卫生与公众服务部下属的食品与药品管理局负责监管除肉、家禽和蛋类之外的所有食品，以及酒精含量低于7％的葡萄酒饮料、瓶装水。美国国家经济作物部则主要负责那些酒精含量高于7％的酒精饮料制品。美国商业部负责鱼类和海产品。美国食品安全管理机构如表4-1所示，各部门间分工明确，权责分明，同时，这些机构也进行食品科技的创新和研发工作。

表 4-1 美国食品安全管理机构

美国食品安全管理机构	下属部门	主要职责
食品安全检验局（FSIS）	—	主要负责保证美国国内生产和进口消费的肉类、禽类及蛋类产品供给的安全、有益，标签、标识真实，包装适当
国家环境保护局（EPA）	行政和人力资源管理办公室 空气和辐射办公室 环境执法办公室 环境信息办公室 环境司法办公室 财务主管办公室 科学政策办公室 环境巡查办公室 国际事务办公室 污染、杀虫剂和有毒物质办公室 研究和发展办公室 固体废弃物和应急反应办公室 水办公室	根据国会颁布的环境法律制定和执行环境法规，与 FSIS 共同负责相关食品安全，并制定相关的法律法规
食品药品监督管理局（FDA）	食品安全和应用营养中心（CF-SAN）、药品评价和研究中心（CDER）、设备安全和放射线保护健康中心（CDRH）、生物制品评价与研究中心（CBER）、兽药中心（CVM）	确保美国本国生产或进口的食品、化妆品、药物、生物制剂、医疗设备和放射产品的安全

（1）美国食品药品监督管理局。美国食品药品监督管理局（FDA）被高度评价为"美国人健康守护神"。FDA 主要负责监管的除肉类、禽类和食品外，还包括药物、医疗器械、烟草等。FDA 被认为是在食品、药品方面最严格的监管机构，也是认可度最高的监管机构。

（2）美国疾病控制和预防中心。美国疾病控制和预防中心（CDC）主要对疾病进行预防、监管，为公众提供一个健康的环境。从食品安全科技创新方面来说，CDC 主要负责的是美国食源性疾病的预防控制。

（3）美国农业部。美国农业部实行"从农田到餐桌"的全过程监管，强调农业的产前、产中、产后的管理。美国农业部下属单位食品安全检验局主要负责肉类、禽类和蛋类产品的安全工作，制定生产标准，用于监管肉类、家禽产品生产。同时，该机构下属的州研究、教育与扩展服务局（CSREES）负责食品安全研究和教育计划，是进行农产品安全科技创新的主要机构。

2. 美国其他食品安全规制机构现状

以上三个最主要的食品安全规制机构是美国食品安全科技创新的主体，除此之外，还有诸多与这三个规制机构联合进行食品安全科技创新的科研机构和数据库等主体，具体包括：

（1）美国食品安全与应用营养中心（Center for Food Safety and Applied Nutrition，CFSAN）是一个以科学分析为基础的监管机构，其隶属于美国食品和药物管理局。该机构的责任是推动和确保美国食品供应的安全性，保障公众的健康安全和卫生，推行食品商标标识制度以确保饮食补充剂和化妆品等产品的安全。

该机构的工作重点是维护国家的食品安全系统，科学预防和控制食品工业的生产、分销和市场流通。

（2）美国国立农业图书馆、美国农业部、美国食品药品监督管理局合作设立的美国食源性疾病的资料库，包括手机软件、电脑软件、视听产品、教师指南等教学材料，用户可大量获取美国食源性疾病的相关数据。基础数据的获取是科技创新的基础，美国食品安全科技体制创新正是以良好的数据基础作为强大后盾的。

（3）美国环境保护署（EPA）负责饮用水安全标准的创新，监管有毒物质和废物，协助监控饮用水质量和研究控制饮用水污染的措施，研究杀虫剂的安全性，制定并随科技的发展更新食品中杀虫剂残留的标准，以及颁布杀虫剂安全使用指南。

（4）美国商务部下属的国家海洋和大气管理局（NOAA）负责管理鱼类和海产品，通过收费的"海鲜检查计划"，检查渔船、海产品加工厂商和零售商是否符合联邦卫生标准，并记录相关数据，用于海产品的科技创新。

（5）美国财政部下属的烟酒枪炮及爆炸物管理局（BATF）负责监管含有酒精的饮料（不包括酒精含量低于7%的葡萄酒饮料），并对酒类产品的标准进行技术革新和记录。

（6）美国海关总署（USCS）与联邦机构合作，确保所有货物（当然包括食品）在进入和离开美国时都符合美国法律的要求。

（7）美国司法部（USDJ）负责起诉有违反食品安全法律嫌疑的公司和个人，根据法院命令，通过美国执法部门扣押尚未进入市场的不安全食品。

（8）美国联邦贸易委员会负责执行各种法规，以防止虚假或欺诈行为。

3. 美国法律规制现状

美国食品安全规制法律主要由政府和国会制定，从 1906 年颁布（后来被取代）《纯净食品和药品法》到目前为止，美国一共有七部核心法律，具体如下：

（1）《联邦食品、药品和化妆品法案》是美国食品安全规制法律体系的主导法，该法案要求所有的食品药品在上市之前必须通过美国食品药品监督管理局的安全性审查，这赋予食品药品监督管理局在监管方面更大的权力。

（2）美国的《联邦肉类检查法》《禽类食品检验法》《蛋类产品检验法》是分别针对美国不同种类食品检测的。美国农业部针对肉类、禽类、蛋类产品的安全性进行检测，并对其进行标记包装。肉类、禽类、蛋类产品只有有了农业部的合格标记后才可以进行销售流通。同时，此法案还要求向美国出口的肉类、禽类、蛋类产品均要达到与美国相同的标准。

（3）1996 年，美国颁布的《食品质量保护法》，要求降低食品中的农药风险，以保证儿童的食品安全，为儿童提供一个安全的食品环境。

（4）1944 年，美国《公共卫生服务法》明确了联邦政府检疫的权威，明确了美国公共卫生服务部在防止传染病从国外进入美国传播和扩散方面的责任。

（5）美国《产品责任法》明确了生产者和销售者、购买者和使用者之间发生人身伤害或其他财产损失时的法律责任。

4. 美国质量规制现状

现阶段，美国的食品安全质量认证体系，主要有 FDA 负责的 HACCP 体系和美国农业部负责的 GAP 体系以及 GMP 体系和 SQF 体系。

HACCP 体系是世界上食品安全认证的最高标准，由美国的 FDA 进行认证，贯彻美国农业部"从农田到餐桌"的全过程监管。GAP 体系的检验对象是未加工或者经过简单加工的果蔬中的微生物，目的是做好微生物危害防控。GMP 强调的是规范的操作，规范食品全过程中各个工序的操作。SQF 针对的是食品加工行业。

5. 美国价格规制现状

美国食品价格规制体系主要体现为美国农产品支持价格。20 世纪 30 年代，美国政府为了防止一些农产品的价格过度下降影响整个市场，从而以高于市场价的价格进行农产品的收购。美国农产品支持价格的主要方式是财政津贴，主要有平价补贴、农产品抵押贷款、休耕价格补贴、灾害补贴、出口补贴，以及鼓励扩大国内外销售而制订的出口贷款计划和多边信贷计划等。

6. 美国风险和预警规制现状

美国食品安全风险分析是一种过程分析，涉及风险管理、风险评估、风险交流。科学性和风险分析是美国食品安全政策制定的基础，也是预警分析的基础，美国食品安全风险分析所强调的是不仅要生产或制造高质量的产品，确保安全和保护公众的健康，而且要符合国际标准、国家标准、市场规则。

（1）食源性疾病监测网络现状。1995年，美国建立的食源性疾病监测网络，是根据对食源性疾病病原体的跟踪来监测肠道疾病，分析美国人民的饮食习惯，有效地将新出现的食源性疾病从根本上解决。近年来，联邦政府加强了对微生物病原体以及如何降低其风险的研究，提出应对"从农场到餐桌"整个食物链进行控制以降低食源性疾病的发生，对化学危害如添加剂、药物、杀虫剂及其他化学物质危害以及物理危害也进行了深入的研究。

（2）美国食品安全风险评估现状。1997年美国通过了"总统食品安全协议"，提出风险评估对实现食品安全目标具有特殊的重要性，政府机构现已完成的风险分析主要有以下几条：第一，美国食品药品管理局和食品安全检验局于2001年1月完成的关于即食食品中单核细胞增生性李斯特菌对公众健康的风险评估报告；第二，HACCP体系的颁布和实施，使企业可以利用HACCP对可能发生的潜在风险进行分析，并采取全面、有效的措施来预防和控制这些风险，例如蛋及蛋制品中肠炎沙门氏菌的风险分析等。

（3）全球食源性疾病监测网络（GFN）。全球食源性疾病监测网络是世界卫生组织于2000年推出的计划，美国是合作伙伴之一。针对可以预防的食源性疾病，全球食源性疾病监测网络的主要目的是让所有国家预防和控制这些食源性疾病。全球食源性疾病监测网络是一个能力建设项目，以国际微生物学家和流行病学家在食源性疾病方面的实验室监测为基础，加强部门间的协作，从而提高国家的检测能力，预防食源性疾病。

（4）建立病原菌分子分型实验室监测网络（PulseNet）。该网络是食源性疾病暴发的早期预警系统，它是对导致食源性疾病的微生物进行DNA检验的公共卫生实验室的国家网络，它可以对有关微生物进行鉴别和标示，并可以与食品法典委员会（CAC）的电子数据库中的信息进行快速的比较。

7. 美国召回制度现状

1966年，美国开始实施汽车召回制度，目前各个领域都有着完备的召回制度。美国召回制度的主管部门包括农业部下属的FSIS及FDA。美国的食品召回制度将食品可能造成损害的程度分为三级：

（1）第一级最严重，指那些有可能危害生命甚至造成死亡的食品；

（2）第二级是食用后可能会对健康不利的食品；

（3）第三级是不会产生影响的食品。

美国食品召回的情况有两种：企业主动从市场上召回和在主管部门的要求下召回。两种召回的最大区别在于，主动召回的企业有可能免于被主管部门向社会曝光，从而维护企业形象。

4.1.2 美国食品安全科技创新现状分析

美国食品安全科技的创新，体现在其制定的食品安全规制科技创新发展策略、所采用的食品安全规制的具体科学方法、对食品消费者行为分析的研究、对食品安全风险评估的创新研究、食品安全的监测计划和信息收集工作、食品安全科技创新的合作研究和培训工作几个方面，具体分析如下。

1. 美国食品安全规制科技创新发展策略的内容

总结美国食品安全规制科技创新发展策略，主要有以下几个：

（1）对规制范围内的具有微生物和化学危害的产品提供干预和预防的监管策略，并对这一策略进行开发和评估；

（2）为提高对化学污染物的检测能力，开发和实施现场实验使用的筛选方法；

（3）推进生物信息学的科学领导，用于完善各机构的监管和公共卫生决策；

（4）整合和应用现代毒理学方法，用于对食品、膳食补充剂和化妆品化学危害的管理和公共卫生决策；

（5）推进饮食和健康研究，有助于制定基于科学的政策和传播战略，并利用现有的食品安全科学研究资源，发挥最大的公共卫生效益。

2. 食品安全规制的具体方法

美国食品安全规制的具体方法包括以下几种：

（1）细菌学分析法。细菌学分析法是食品安全规制分析中最常用的方法之一，为此，FDA 特别编制了细菌学分析手册（Bacteriological Analytical Manual，BAM），该指南记录和规定了 FDA 实验室的一套特定程序，用于检测含有病原体（细菌、病毒、寄生虫、酵母和霉菌）和微生物毒素的食品和化妆品。

（2）元素分析法。元素分析法是食品安全规制中较常用的科学分析法，FDA 特别编制了元素分析手册（Elemental Analysis Manual，EAM)，该食品和相关产品的元素分析手册提供了 FDA 实验室检测有毒和营养元素食品的分析方法的具体指导。该手册还对实验室分析的有关方面提供一般性指导。

（3）宏观分析法。为了普及宏观分析法，FDA 编制了宏观分析程序手册（Macroanalytical Procedures Manual，MPM），其中包含对于食品安全事件和对策的宏观分析，这有助于了解各类食品缺陷的形成原因，因此可以制定和修改判定这些食品是否安全的标准，这一方法是制定食品安全标准的常用方法。

（4）农药分析法。农药残留量分析手册（Pesticide Analytical Manual，PAM)

是 FDA 公布的 FDA 实验室检测农药残留的分析方法。对于食品中的农药残留量，相关机构的规定和法律有着严格的标准，为了贯彻这一标准，FDA 从商业贸易渠道收集和分析食品，以确定是否符合法律规定。

（5）实验室质量保证法。实验室质量保证法是美国食品安全和应用营养中心（CFSAN）主要应用的食品安全规制科学方法之一，为此，CFSAN 特别编制了实验室质量保证指南（Laboratory Quality Assurance Manual），该指南包含食品安全的相关政策和实验室质量保证相关指令。该指南是质量体系的核心，为提高食品安全水平提供相应的指导原则并用于实践。

（6）分析食品和饲料安全性的实验室法。分析食品和饲料安全性的实验室法具体包括化学分析法、微生物分析法和其他分析方法。该类方法主要用于对过敏原、化疗药物、染色物、颜色添加剂、膳食补充剂、食品添加剂、杀虫剂、除草剂、有毒元素等的分析。

（7）微生物检验法。该方法主要用于对丙烯酰胺、苯、氯霉素、乙二醇、麻黄碱、氟喹诺酮类药物、三聚氰胺及其类似物和呋喃等残留物进行分析。

除了以上七种方法，美国的食品安全科技创新主体还利用食品安全的微生物检验法和环境试验法等多种方法对食品进行实验研究。

3. 对食品消费者行为分析的研究

食品安全科技创新是以食品消费者行为分析为基础的科学研究，食品安全科技创新必须随着食品消费者行为的变化而改变，因此，对人们的食品消费习惯等进行调查是非常有必要的，美国对于食品消费者行为的调查主要有以下几个。

（1）美国食品安全调查。美国食品药品管理局分别在 2006 年、2010 年和 2016 年对美国人的食品消费行为进行了全国范围内的调查，该调查主要来源于食品消费者对食品安全行为、知识、态度和信念的自我报告。食品安全调查问卷旨在观测食品消费者为实现食品安全采取的做法和食品消费习惯的发展趋势。美国食品药品管理局认为，通过食品安全调查结果，人们会发现 FDA 为改善食品消费者行为所付出的努力。

（2）饮食与健康调查。美国饮食与健康调查（Health and Diet Survey, HDS）是一项具有代表性的全国范围内的调查，调查内容主要是食品消费者对健康与饮食问题的态度，调查主要采取自我汇报的方式完成。这项调查旨在衡量美国人饮食和健康习惯的发展趋势，如对饮食与疾病之间关系的认识，同时调查美国人对饮食管理的做法以及对营养成分标签的使用情况。调查的结果有助于 FDA 改善美国人的饮食和行为，普及相关营养知识。

其他调查包括对膳食补充剂的消费者研究（Consumer Research on Dietary Supplements）、食源性疾病消费者研究（Consumer Research on Foodborne Illness）、婴

幼儿配方奶粉与婴幼儿喂养的消费者研究（Consumer Research on Infant Formula and Infant Feeding），以及对标签、营养、饮食和健康的消费者研究（Consumer Research on Labeling，Nutrition，Diet and Health）等。

综上，通过对美国食品消费者的行为进行调查研究，可以发现这些调查几乎包含了各年龄阶段、各收入阶层、各地域的食品消费主体以及各种食品消费情况。该调查结果在美国食品药物管理局官网公布，各研究机构都可以免费使用这些资料，进而更深入地进行食品安全方面的科研创新研究。在大数据时代，对于基础数据的获取是科技进步的根本保证，美国对食品消费者行为的调查相比其他各国更为全面和详细，这也是美国食品安全科技创新能够取得长足进步的根本原因。

4. 美国食品安全风险评估的创新研究

纵观美国近年来进行的食品安全风险评估研究，可以发现这些研究不仅有针对食品安全风险因素的宏观研究，例如，微生物学实验室的能力、效率与管理研究（2016 年 2 月完成）、在风险分析框架内启动和执行对所有"主要"风险的评估研究（2002 年 3 月完成）、解决复杂的食品安全风险的最佳方法——风险评估框架研究（2006 年 3 月完成）等，还有对某类物质的研究，例如，对于过敏原、兽药残留、砷类物质、疯牛病致病因素、大肠杆菌、食品和色素添加剂的研究等。

以上两方面的研究使得美国对于风险评估不仅有宏观和方法论的研究，还有对某类导致风险的物质的微观研究，但是这些都是对已经发生的风险的事后研究。关于如何对尚未造成损害的风险进行评估和研究，防患于未然，美国的相关科研机构又构建了各种模型模拟现实食品安全消费情况，这方面的研究如下。

（1）构建虚拟实验室进行食品风险评估研究。美国食品药品管理局进行了虚拟实验室研究，对与新鲜农产品消费有关的风险特性进行描述和预测，虚拟实验室将追踪每种食品的生产过程并进行记录，即记录有关食品是如何受污染的、什么时候受污染的、在哪里受污染的和有多少是受污染的。该模型可以作为一种工具来模拟实际场景中发生风险的情况，从而对食品安全规制机构采取的干预措施进行优化。虚拟实验室研究法不仅可以用来预测和预防未发生的污染事件，以预测农产品可能被污染的时间点，也可以用于在现实世界中"追溯"，使得受污染产品可以从市场上更迅速地被识别和召回。

（2）利用风险互动工具进行食品风险评估的研究。利用风险互动工具对涉及公共健康风险的多种危害和食品进行组合、比较和排序，并将这一排序的结果通知食品药品管理局这类机构，从而使得相关机构能根据风险情况进行食品安全规制财政等资源的分配。这类全面风险评估工具的特点是结果评估较快，并且可以及时地向公众提供数据。

风险互动工具是一个非常方便并易于操作的工具，利用该工具，风险评估者可以构建一个存在危害因素的食品生产环境，并对该风险进行评估和比较。风险互动工具可以用来对"从农田到餐桌"中各种不同的干预措施进行估计，从而评估某一特定食品生产或流通步骤的影响。该工具利用互联网，将内置的数学函数和模板连接起来，使世界各地的用户都能够共享这些数据和结果。

（3）虚拟熟食店对风险进行模拟评估研究。虚拟熟食店是一个模拟市场中熟食生产和流通的模型，该模型模拟每秒钟数以万计的食品处理活动，如食品的准备和切片等，该模型是根据对现实世界的观察而进行的实践研究。虚拟熟食店模型属于跨部门的风险评估，例如，对零售熟食中单核细胞增生李斯特氏菌的评估，旨在对熟食的加工过程进行风险评估，评估出熟食在什么地方最有可能发生污染，而哪些干预措施可以最有效地减少这些污染和污染所导致的疾病。例如，现实中这个模型往往用于估算肉类和奶酪进行切片或分离对食品安全潜在风险的影响。

综上所述，美国目前对于风险评估更倾向于定量风险分析，并将此作为风险评估的决策分析工具，同时，美国风险评估也非常重视全球性的合作，希望各国都可以将自己国家的相关数据纳入美国的模型进行分析，这样一方面可以改进这些模型，另一方面也可以用于指导美国的食品出口工作。

5. 食品安全的监测计划和信息收集工作

对食品消费信息的收集工作是美国食品安全规制部门工作的重点之一，以美国食品药品管理局为例，该机构对食品信息的收集工作集中于两个方面：一方面是正在进行的监测项目，如总膳食研究和农药残留监测计划；另一方面是对食品服务环境中的食品安全的长期研究，如零售食品风险因素研究。FDA 也可能对食品生产和流通过程进行针对性的检测，以寻找食品中是否存在某些特定的污染物。

（1）总膳食研究。总膳食研究（Total Diet Study，TDS）是美国食品药品管理局正在进行的一项最主要的监测计划，它对美国饮食中大约 800 种（每年的数量略有不同）污染物和营养素的含量进行监测，为了保证研究顺利进行，FDA 每年分四次监测和分析具有代表性的地区的大约 280 种食品和饮料。

利用这些数据，美国食品药品管理局可以估算出美国所有人口，甚至是每个美国人，每年平均消耗的污染物和营养物的数量。因为饮食模式可能会随着时间的推移而改变，所以美国食品药品管理局每 10 年会更新一次食物分析清单。

自 1961 年年初开始监测以来，作为一项监测食品放射性污染的计划，TDS 已扩大到包括对农药残留物、工业和其他有毒化学品以及营养元素的监测。这项研究的持续性，使美国食品药品管理局能够跟踪美国普通民众饮食的发展趋势，并在需要的情况下制定合理的干预措施，从而使风险减少或使风险最小化。

（2）化学污染物监测研究。FDA 负责对本国生产和进口的食品进行监测研究，具体包括对三类物质的监测：第一类是对工业生产过程中化学品的监测，如二噁英等；第二类是对烹调或加热过程中产生的化学物质的监测，如丙烯酰胺等；第三类是对食物中的其他化学污染物的监测，如苯、多氯联苯、氨基甲酸乙酯、呋喃、高氯酸盐和放射性核素等。

（3）零售食品风险因素监测研究。1998 年，美国食品药品管理局国家零售食品小组发起了一项为期 10 年的研究，该研究主要针对零售食品展开，衡量零售食品中食源性疾病暴发的影响因素，从而优化预防和控制该类食源性疾病发生的措施。

为完善美国零售食品的风险因素研究，美国食品药品管理局于 2010 年再次进行了零售食品风险因素监测研究，这次的研究加入了对零售食品店设施类型的描述和要求，以及对餐厅食品的监测，使得该项研究的数据结果更为全面和合理。

以上工作结果都充分证明，美国在零售食品导致的食源性疾病的风险因素监控方面取得了长足进步，达到了在零售领域减少食源性疾病的目的。

6. 食品安全科技创新的合作研究和培训工作

美国食品安全科技创新研究的一个特点就是多部门合作研究，即食品安全科技创新研究不是各行其是，而是通力合作。例如，美国的食品药品管理局与各食品安全研究中心保持经常性的合作关系，为这些食品安全研究中心提供食品安全科技创新方面的研究成果和培训，并与这些中心一起及时解决与食品安全有关的前沿问题。与美国食品药品管理局相关的四个食品安全研究中心分别是：

（1）食品安全和应用营养联合研究中心，该研究中心位于马里兰大学，专门从事国际食品安全培训项目的开发和服务工作；

（2）食品安全科技国家研究中心，该研究中心位于伊利诺伊理工大学，专攻食品加工研究工作；

（3）国家天然食品研究中心，该研究中心位于密西西比大学，专门从事膳食补充剂安全性和掺假的可能性研究工作；

（4）食品安全西部研究中心，该研究中心位于加利福尼亚大学戴维斯分校，专门从事食品生产安全的研究工作。

以上每个食品安全研究中心对于食品安全科技创新研究都有不同的侧重点，并能够为其他食品安全研究中心和食品安全规制机构提供相关信息和专业知识，以对其他主体对于食品安全科技创新的研究进行有益补充，进而一起实现预设的公共卫生目标。

4.1.3　美国食品安全规制经验借鉴

美国作为世界上食品安全规制最成熟的国家之一，有诸多经验值得我们学习和借鉴。在食品安全规制方面，我国正在摸索中总结经验和教训，同时进一步完善本国的食品安全规制和科技创新体制，在这一过程中，我国应当借鉴美国食品安全规制的优势经验，但这并不意味着要完全照搬美国的食品安全规制和科技创新体制，而是应该结合我国的基本国情择优学习。

伴随着经济增长、技术革新，我国食品安全科技创新问题日益突出，食品安全规制的弊端显而易见。在科技不断革新的背景下，我国食品安全规制改革刻不容缓。结合本书的分析，美国食品安全规制科技创新可为我国提供以下经验借鉴。

1. 明确规制机构的责任

（1）按照食品分类进行监管。美国的食品安全规制模式是根据强硬的、灵活多变的方式，以美国联邦政府所制定的相关法律法规和美国行业所规定的法律责任和规范为基础，以科学分析为基石，对美国食品生产和销售企业的行为加以监督及控制。在处理美国联邦政府、州与地方政府的食品安全监管权限时，采取"联邦权力列举，剩余权力保留"的原则。美国联邦政府负责所有的州际贸易流通中的进口食品以及国产食品的安全。在美国各州政府和地方政府所负责监管的辖区对所有的食品进行安全监管，与此同时，配合美国食品与药品管理局以及其他各级政府的食品安全机构，对美国食品生产相关企业所生产的食品进行安全监管，并负责监管所管地区的美国食品生产机构以及销售机构，若出现不安全的食品生产以及销售行为，则及时制止。

在美国，由于每个部门负责一个或数个产品的全部质量安全保障工作，每个机构各司其职，几乎不会在食品安全规制过程中出现责任不明确或者职能交叉的问题。

（2）单一食品规制优势明显。美国食品安全规制模式的基本特点是单一主体的规制模式，这样的模式避免了多主体规制责任不清所导致的规制空白和重复规制的情况，这是目前理论和实践中较优的规制模式。

美国是标准的单一规制体制，食品安全规制由美国食品药品管理局进行统一的管理。我国在食品药品监督管理总局成立之前，各个监管部门均可以发布食品监管的相关标准，每个监管机构都是一个独立的主体。

（3）加强食品安全科技创新的合作研究和培训工作。责任的分割并不意味着各机构在食品安全科技创新工作中各行其是，反而意味着食品安全科技创新的各主体需要加强科技合作，例如，美国食品药品管理局与四个食品安全研究中心的合作。

2. 规制信息透明化并做好监测计划

（1）完善食品安全信息。食品安全事关每个人的健康，在生活质量不断提高但食品安全问题日益频发的今天，社会公众对于食品安全信息会更加关注。

（2）统一统计口径。食品安全抽检合格率作为衡量食品安全规制效果的指标，如果收集到的数据年份多，进行实证分析就会更加准确、更有说服力。

（3）做好食品安全监测计划。食品安全的监测是建立在良好食品安全信息的基础上的，同时，也是因为有了完备的食品安全监测计划，食品安全规制机构才知道如何进行相关信息的收集，也才理解如何整理并统计、分析这些信息，当食品安全出现问题的时候也才能追根溯源，及时召回。

3. 设立基层机构并加大食品安全财政支出

（1）加强地方与中央的联合规制。美国各州地方政府与联邦机构合作，对本州境内生产的食品安全标准进行统一和落实，这样既保证了各州的自主独立性，又保证了全国标准和规制的统一，即在中央统一管理下灵活规制。

我国对于中央的规制要求严格统一，但是实际中各地出现了实施难的问题。因此，因地制宜进行规制是地方政府服务的根本方针。

（2）增加财政支出以设立更多的卫生监督中心。从我国食品安全规制的实证分析来看，虽然食品中毒人数、卫生监督中心、食品安全事务支出和食品安全国家标准之间的相关性并不是很明显，但经过主成分分析，食品中毒人数、卫生监督中心、食品安全事务支出是食品安全规制中三个不容忽视的影响因素。据此，我国食品安全规制的改革方向是设立更多的卫生监督中心，不仅要有国家的监管机构，还要有基层的监督机构，加大食品安全的财政支出，提高监管效率，保证食品安全。

4. 加强食品安全科技创新

（1）加大食品安全科技投入。美国的食品安全科技尽管已经相当成熟，但其仍然在不断加大对食品安全科技创新的财政投入，在规制过程中强调食源性疾病的危害性，完善食品安全监管网，对造成美国食源性疾病的病原体进行跟踪监测和统计分析。

（2）加强对食品消费者行为分析的研究。在我国，目前人们食品消费的习惯已经和从前有较大不同，已经从"大鱼大肉"的消费模式变成了"养生健康"的消费模式，例如，天津"狗不理"包子中的肥肉就少了很多，这些都是个别商家对消费群体行为进行分析后采取的对策。

（3）加强食品安全风险评估创新。对于事后的风险评估，目前中国和美国相比差距不大，如何防患于未然，这是目前各国有关食品安全研究的核心，因此，构建符合我国国情的食品安全风险评估模型，让决策机构免费获取该模型，掌握该模型的使用方法，在规制过程中熟练地操作该模型，规避和减少我国食品安全的风险，这是现阶段我国食品安全风险评估创新的重点内容。

（4）加强食品安全规制科技方法的创新。美国侧重于以数量变化研究为基础的食品安全规制方法革新，这些方法创新需要化学、物理学、数学、经济学、管理学、公共卫生学，甚至是心理学的多学科联合创新，目前，我国这方面的人才依然缺乏，导致食品安全规制方法老旧。

4.2 日本的食品安全科技体制创新

日本在食品安全监管方面处于世界领先地位，但其实在 20 世纪五六十年代，日本也曾发生很多重大的、危害严重的食品安全问题。随着日本逐渐认识到问题的严重性和日本民众带来的舆论压力，日本政府不断推出法律法规，这进一步促进了法律安全体制和监管体制的不断进步和完善，食品安全问题因此得到了政府的有效控制。现在，日本重大食品安全事故的发生频率已经大大降低，日本出口的相关产品也在国际社会获得了认可，这也直接印证了：一个国家的出口信誉和实力的形成，是需要政府不断完善国内产品的安全性的。

日本关于食品安全的法律比较细致和完善。日本政府自 20 世纪 40 年代开始不断发展和完善食品安全监管体制，并且实践结果显示，这些政策改革都取得了重大的进步和成果。因此，探究日本食品监管体制对我国食品安全监管体制的完善具有重要的意义。

4.2.1 日本食品安全监管体制的大体框架

1. 高度集权式的食品安全规制体制

（1）立法权的高度集中。日本实行相对集权式的食品安全规制体制，由内阁制定相应的法律法规和标准，下属的各级政府部门按照内阁制定的相应法律进行严格的市场监管，但是立法权不属于各级地方政府。日本食品安全监管体制依据的法律主要有两个，即《食品安全基本法》和《食品卫生法》，除此之外还包括一些相应的专项法律。

（2）规制机构的权力集中。日本食品安全委员会统一负责日本所有的食品安全工作，与美国政府的分权不同，日本食品安全委员会由内阁直接领导，是一个对国家食品安全进行评估鉴定并向相关的立法机构提供科学依据的独立机构。正因为该委员会是一个独立于政府的机构，所以就更能保证食品安全的法律性和公平性。

2. 日本食品安全委员会的作用

（1）机构发展历史。2003 年 7 月，日本食品安全委员会成立，由其统一负责食品安全工作（在此之前，农林水产省和厚生劳动省主要负责日本国内的食品安全治理和管制工作）。

（2）委员会构成。委员会由七名在食品安全研究方面有突出表现的知名学者组成，任期一般为三年，学者在经过国会的批准后由首相对其进行任命。委员会下属主要有两大机构：一是负责日常事务和工作的事务局，二是负责专项案件检查评估的专门调查会。食品安全委员会的主要职责有三方面：第一，对风险管理部门进行政策指导和监督；第二，对食品安全的风险问题进行专业评估；第三，负责风险信息的沟通和公开工作。

3. 其他规制机构职权范围的调整

因食品安全委员会的成立，农林水产省和厚生劳动省的权力和监管范围都大大缩小了。表 4－2 为两省主要部门和职责。

表 4－2　　　　　　　　　　两省主要部门和职责

	下属部门	主要职责
农林水产省	大臣官房 农林水产省总部 总合食料局 消费安全局 生产局 经营局 农村振兴局	主要负责促进农林水产业的稳定发展，进一步发挥农林水产业的作用；保障农产品的正常供给，不断提高国民的生活水平；推动农林牧渔业及农村、山村、渔村的经济、文化建设与振兴；保证国家的产业政策、区域政策、高技术开发及国际合作政策的实施
厚生劳动省	大臣官房 医政局 健康局 医药食品局 劳动基准局 职业安定局 职业能力开发局 雇用均等儿童家庭局 社会和援护局 老健局 保险局 积金局	主要负责日本的国民健康、医疗保险、医疗服务提供、药品和食品安全、社会保险和社会保障、劳动就业、弱势群体社会救助等

（1）农林水产省的职权范围。目前，农林水产省下属的消费安全局负责食品安全管理工作，2006 年，日本政府还设立了食品安全危机小组，这一小组的实际工作是专门负责处理重大食品安全问题。

（2）厚生劳动省的职权范围。厚生劳动省现在的主要职能是对食品安全市场进行风险管理，其下属的医药食品局食品安全部负责绝大部分的日本国内的食品监管工作，其地位还在日益提升。

4.2.2　日本食品安全科技体制创新简介

1. 食品安全科技体制创新模式重点突出

（1）以食品安全风险评估为基础。日本的食品安全科技体制创新是以食品安全风险评估为主的科技创新，即一切以食品安全风险评估为基础，进行食品安全信息的收集工作，完成食品安全风险防范的完善工作，对有问题的食品能够及时地溯源并召回。

（2）将食品安全风险评估视为己任。日本食品安全委员会认为，食品安全风险评估是食品安全规制机构的自我责任，即不是因为出现了风险才进行事后的评估，而是对于风险评估有着极强的自我责任感，因此，日本对于食品安全的风险评估采取的是以事前评估为主的评估模式，不需要消费者要求和生产者催促，而是完全出于食品安全规制机构的自律进行食品安全风险评估研究。

2. 食品安全科技体制创新信息及时公开

（1）公开食品生产标准。随时登录日本食品安全委员会等食品安全规制机构的网站，都可以很方便地获得这些机构的相关研究成果，同时，相关法律法规等内容也能够在网站上获取，例如，食品安全风险评估的标准程序。

（2）公开危险物质的风险评估研究结果。目前，日本食品安全委员会网站上公布了日本食品添加剂、农药、兽药产品、化学物质和污染物、设备和容器/包、朊病毒、天然毒素/真菌毒素、微生物和病毒、新型食品、转基因食品、耐药菌、饲料和肥料等物质的风险评估研究结果。

（3）公布最新研究结果。日本食品安全委员会网站公示的近年风险评估研究结果显示，2019 年，该机构进行了 9 项食品安全风险评估创新研究，其内容如表 4-3 所示，同时，2012—2019 年，日本食品安全委员会的风险评估研究数量如图 4-1 所示。应该看到的是，日本面临的食品安全风险越来越低，因此，才出现了食品安全风险评估研究数量减少的情况。

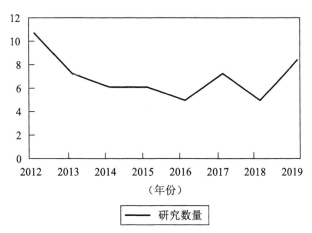

图 4‑1　2012—2019 年日本食品安全委员会食品安全风险评估研究数量

表 4‑3　　　　2016 年日本食品安全委员会食品安全风险评估创新研究

研究周期（年）	项目编号	研究项目名称
2017—2019	1706	仪器、容器、包装用合成树脂风险评价中的迁移试验研究
2018—2019	1801	新型评价支持技术的发展研究：基于毒性预测数据库利用方法的探讨
	1802	基于弯曲杆菌在食物消化过程中存活特性的剂量反应模型的创建研究
	1803	非故意添加化学品在食品中痕迹的风险评价——基于硅中评价法的应用研究
	1804	健康风险评估基准剂量法应用条件的研究
	1806	日本食物中弯曲杆菌毒量的风险分析研究
	1807	与严重过敏风险相关的水果过敏原成分研究
	1808	变异伏马菌素的危险性评价研究
2019	1901	食品添加剂的风险评价研究—基于人体健康的视角

3. 食品安全科技体制创新注重国际合作

日本食品安全委员会定期与国外食品安全风险评估机构进行会议沟通，在会议中积极交流食品安全信息并对相关问题提出意见。

此外，日本食品安全委员会加大国际合作力度，频繁参与关于食品安全的国际会议，如 FAO 和 WHO 专家委员会、组织研讨会和座谈会等，加强食品安全科技创新国际合作。

4.2.3 日本食品安全监管体制的突出特征和优势

1. 以法律形式确定监管部门的权责

日本食品安全监管体制的重点就是以法律形式确定各部门的权力和责任，以及各部门相应的义务，使各部门在工作中能最大效率地发挥职能，同时防止渎职和懈怠以及推卸责任现象的发生，如果发生重大安全事故且责任明确，司法部门也将按照相关法律对相关部门追究责任。

2. 集权与分权相结合

如何更好地划分中央与地方政府的监管权限，是日本政府在食品安全监管方面不断努力的方向。从日本食品安全监管体制的发展来看，集权和分权都存在着各式各样的弊端，如果集权过于集中，就会打击地方政府在工作过程中的积极性，但是如果权力过于分散，又会使政府的宏观调控政策得不到有效实施。因此，集权与分权相结合的监管模式才是日本监管体制发展的大方向。

3. 按品种种类全程参与监管

和美国一样，日本也实行"从农田到餐桌"的全程监管体制，并且按照产品种类划分，对食品进行更加细致的检测。

4. 风险防控逐渐成为监管重点

随着日本不断推进食品安全监管体制的改革，食品安全监管的重点从对最终产品的检验逐渐过渡到对食品供应链全程的风险防控，并采取以预防为主的风险监管体制。

5. 社会公众参与风险管理的趋势日益明显

从各国食品安全监管的发展过程来看，光靠政府的监管是远远不够的，甚至还有弊端，而市场的自我调节更是不能起到安全监管的作用，这就需要引入第三方——社会群众。日本的各级监管机构都接受民众的监督，这促进了日本政府决策的公平性和公开性。

4.3 欧盟的食品安全科技体制创新

欧盟成员国宪法规定，食品安全科研机构完全独立于食品安全管理机构，欧盟将整个食品安全科技活动纳入国家财政预算，保证食品安全科研机构独立开展科学研究，这使研究结果更具可靠性和公正性。欧盟各国根据国家食品生产与安全的特点以及食品国际贸易的特殊性，确定了食品安全科技发展的优先领域，其显著的特点是开展风险评估、建立食品与饲料快速预警系统、评价营养与健康的关系。欧盟各国的食品安全活动，尤其是食品安全风险评估，都非常重视与欧盟食品安全局、欧盟委员会及国际组织（包括 FAO/WHO、OIE 等）的广泛合作。本节对德国、丹麦和瑞典的食品安全科技创新体制的特点和优点加以分析，对中国制订食品安全战略规划、明确食品安全优先发展领域和应重点解决的科技问题、强化国家食品安全控制体系，都有重要的参考价值。

4.3.1　食品安全研究机构完全独立于食品安全管理机构

保护消费者健康是欧洲食品安全规制的基本原则，以科学为基础开展食品安全风险分析是欧盟食品安全科技研发的重点。为应对消费者关注的食品安全风险问题，欧盟于 2002 年决定新设独立的机构——欧洲食品安全局（EFSA），EFSA 2005 年正式挂牌，是负责为欧盟委员会、欧洲议会和欧盟提供食品安全规制服务的最高权力机构。各个国家同时也有存在于本国的食品安全科技创新机构。

1. 丹麦的食品安全科技体制创新机构分析

丹麦国家食品兽医研究所（DFVF）是独立从事食品安全科技研究的机构，其核心任务是开展食品安全科技创新研究和建立检测方法，进行食品安全监测、咨询和诊断。为了保证其独立性，DFVF 由董事会领导，董事长由家庭和消费者事务部委派，其他人员则由相关部门和利益相关者推荐产生，并实施所长负责制。

2. 德国的食品安全科技体制创新机构分析

2001 年 1 月，为了保护广大食品消费者的权益，也为了推进更先进的农业生产方式，德国政府将原来的联邦食品、农业和林业部改组为联邦消费者保护、食品和农业部，该部接替了原来卫生部的消费者保护职能和经济技术部的消费者政策制定职能，对全国食品安全进行统一规制，由此，德国克服了以往联邦食品安全规制责任分散化的体制弊病。

2002 年 8 月 6 日，德国联邦议院颁布了《健康消费保护和食品安全法》，同时，联邦消费者保护、食品和农业部于 2002 年成立了两个相互独立的新机构，即联邦风险评估研究所和联邦消费者保护和食品安全局，这两个机构的建立为收集和评估食品安全风险信息提供了强有力的保证。

目前，德国联邦风险评估研究所设立了 9 个分支机构，分别是管理部、风险沟通部、科研服务部、生物安全部、食品安全部、化学品安全部、消费产品安全部、食物链安全部和实验毒理学部。在该所成立之前，德国的食品安全风险评估工作分散在联邦消费者保护与兽医研究所、联邦农业与林业生物研究中心和联邦食品与农业研究中心等机构，该研究所通过对食品和饲料中的微生物和化学未知危害物，对材料、消费品和动植物中的转基因生物进行风险评估，为食品安全风险防控提供科学的建议。

联邦消费者保护和食品安全局是联邦消费者保护、食品和农业部下属的一个高度自治的机构，也是食品安全和消费者保护领域的认证和管理机构。联邦消费者保护和食品安全局下设 5 个部门，分别为食品、饲料与日用品部，植保产品部，兽药部，基因工程部和分析部。具体来讲，联邦消费者保护和食品安全局涉及食品安全的工作主要体现为两方面：一是对食品安全领域进行风险管理，控制规划合作和计划，对食品安全工作进行评价和向联邦政府、欧盟和联邦州报告食品安全情况，预防和控制风险，处理相关食品安全危机；二是作为德国新食品、食品原料、植物保护剂、兽药产品的许可机构，负责对国内兽药产品、动物饲料添加剂、植物保护剂产品和转基因产品等的许可和认证工作。

3. 瑞典的食品安全科技体制创新机构分析

为了独立地开展食品安全科技创新工作，瑞典成立了国家食品管理局，其中的研究与发展司主要负责食品安全科技工作，工作的核心是开展食品安全监测、评估和溯源方面的科技创新，并为食品标准司和食品管理司提供数据和建议，其工作与发展司、食品标准司和食品管理司的工作相互独立。

4.3.2 食品安全科技体制创新完全由国家预算支持

食品安全涉及所有的利益相关者，这些利益相关者的共同努力和相互合作是推动食品安全管理的前提。欧盟成员国已达成共识，即食品安全属于公共安全的一部分，完全属于社会公益事业，其科学研究和创新都属于公益科研活动，其支出由国家预算支付。

1. 德国食品安全科技体制创新预算

德国的食品安全科技体制创新经费预算纳入国家财政预算，由议会批准，德国的研究基金设立专门领域，并由联邦基金会提供专款支持，进行食品安全基础研究。德国食品安全研究联邦基金会的主要任务是进行食品安全科研创新，除了风险评估、方法建立和监测外，还有动物疾病诊断和检测工作，用于食品安全科研的经费约占总经费的 50%，由政府提供预算支持，并且政府已经做好了未来10 年的科研预算计划。

2. 瑞典食品安全科技体制创新预算

在瑞典，国家食品管理局研究与发展司负责食品安全科研活动，作为一个公益部门，其预算全部纳入政府财政预算计划。

3. 丹麦食品安全科技体制创新预算

最严格的食品安全保障是丹麦农业发展的最高宗旨和成功之本，也是其可持续发展的最重要的经验。根据《经济学人》杂志发布的 2012 年《全球食品安全指数报告》，丹麦、美国、挪威和法国的食品是世界上最安全的。丹麦上榜的关键原因在于其拥有严格的食品安全保障体制和完善、有效的食品安全监管体系。在很多方面，丹麦对食品安全的要求甚至比欧盟更加苛刻。

丹麦投入大量的资金用于食品安全科技及食品的新产品研发，其中90%以上的食品安全研究经费源于政府投入，由政府进行统一的预算。政府在食品安全教育上投入巨额补助，政府补助资金占农业学校办学经费的70%，同时，政府还投资设立了食品安全咨询机构。

4.3.3　根据国家和消费者需求确立食品安全科技发展的优先领域

1. 风险分析是食品安全科技创新的基础

风险分析包括风险评估、风险管理和风险交流，是食品安全标准制定和法律制定的科学依据。德国、丹麦和瑞典均非常重视风险分析，并将其写入相关法律。

（1）德国食品安全风险分析研究。联邦风险评估研究所（BfR）的成立，表明德国干预食品生产和消费市场的依据是可能存在的安全风险，而非事实上已经发生的危害。德国联邦风险评估研究所的主要任务，是评估无机污染物、二噁英等物质的风险，找出它们的暴露边界。

预防性原则在实际中一个著名的案例是联邦消费者保护、食品和农业部对果冻的禁售。2002年4月12日，德国联邦消费者保护、食品和农业部部长屈纳斯特批准生效一项紧急条例，禁止在德国销售果冻。当时的果冻生产商提出抗议，认为果冻包装上已标明警示信息，告知适合几周岁以上儿童食用，而且果冻不存在卫生问题，但屈纳斯特提出，果冻具有潜在的安全风险，即儿童食用后容易发生窒息的情况，因此为了预防这种风险的发生，还是对果冻这种食品采取了禁售措施。

（2）丹麦食品安全风险分析研究。丹麦食品与兽医研究所的毒理学与风险评估研究室，主要进行食品毒理学安全性评价方法、食品过敏与内分泌干扰物的评估技术以及膳食补充剂评估技术的研究；食品化学研究室则重点开展食品安全监测、污染水平与摄入量评估、接触性生物标志物研究等。

（3）瑞典食品安全风险分析研究。瑞典国家食品管理局设立了研究与发展研究司毒理学处，专门进行毒理学研究和风险评估，以及污染物与天然毒素的概率风险模型研究，此外，还包括暴露与敏感性的不确定度分析研究和风险分析标准研究等。

2. 快速预警是食品安全科技创新的核心

欧盟委员会建立了在欧盟框架内的食品和饲料快速预警系统（RASFF），使成员国在人类健康风险发生或存在潜在风险时可以互通消息、快速预警，以便采取相应的统一行动。

（1）德国食品安全快速预警。德国建立了食品与饲料快速预警系统，为生产者和消费者服务，并与 RASFF 相接，主要接口包括联邦风险评估研究所，联邦消费者保护、食品和农业部，联邦消费者保护和食品安全局，州消费者保护等。

例如，在 2010 年发生在德国西北部北威州的"二噁英毒饲料"事件中，德国与欧盟在疯牛病暴发后建立起来的欧盟食品和饲料快速预警系统就扮演了关键角色。该系统是一个"连接欧盟委员会、欧盟食品安全局以及各成员国食品与饲料安全主管机构的网络"，它要求当某一成员国掌握了有关食品或饲料可能对人类健康造成风险的信息时，应立即通报欧盟委员会，由欧盟委员会确定风险的等级并将意见转达给各成员国。在此过程中，各成员国依据欧盟委员会发布的通告制定适当的应对措施，而欧盟食品安全局可以通过输入相关科学技术信息来协助成员国制定相应的政策。最后，各成员国再将采取的措施反馈给欧盟委员会，以形成不间断的信息循环系统。在德国国内，联邦消费者保护和食品安全局是欧盟快速预警系统的联络点。在"二噁英毒饲料"事件爆发后，为了防止这些有毒饲料流入消费市场，德国联邦农业部宣布临时关闭 4700 多家农场，超过 8000 只鸡被强制宰杀。德国当局立即告知欧盟快速预警系统，并与欧盟委员会就事件的信息进行交流，在德国证实受污染的鸡蛋经过加工后可能流入英国市场时，其便迅速将情况通知欧盟委员会，由欧盟委员会告知英国政府，后者随即开展调查工作，以防止"二噁英毒饲料"危机的进一步扩散。如此高效灵活的预警系统，保障了德国及其他欧盟成员国的食品安全。

（2）丹麦食品安全快速预警。丹麦的食品安全快速预警运用了 4C① 系统，该系统充分利用了国家监测数据，自动进行暴发预警，通过溯源技术鉴定中毒病人及动物体内致病微生物的来源，控制食源性疾病。

（3）瑞典食品安全快速预警。瑞典国家食品管理局通过食品安全联系点与 RASFF 相接，同时瑞典农业管理委员会也与 RASFF 对接，口岸检测点、地方自主食品管理机构、食品业等监测数据被及时输入 RASFF。

3. 膳食结构与健康关系是食品安全科技创新的热点

根据 2016 年 WHO 健康报告，在可能导致疾病和危害健康的十大风险因素中，涉及人体营养的有体重超重、水果与蔬菜摄入量低和严重铁缺乏症等。德国、丹麦和瑞典均非常重视膳食结构与健康关系研究。

（1）德国的膳食结构与健康关系研究。关于营养与食品安全关系的研究项目

---

① 4C 即信息交流（Communication）、协调（Coordination）、协作（Cooperation）和数据收集集中化（Centralization of data acquirement）。

较多，包括营养在相关疾病防治中的作用、类黄酮与多酚作用的分子机制、食品营养在预防肠内疾病形成中的作用、水果中相关物质对氧化的预防作用等。

（2）丹麦的膳食结构与健康关系研究。丹麦食品与兽医研究所设立专门的营养系，研究丹麦人饮食习惯、营养平衡推荐模式对人体健康的影响，并试图改变人们不良的饮食习惯。

（3）瑞典的膳食结构与健康关系研究。瑞典国家食品管理局研究与发展司专门设立食品营养处，从事食品营养与健康关系研究，尤其是瑞典人的健康膳食习惯、营养需求与膳食指南等研究。

4. 根据需求开展食品安全科技创新工作

欧盟各国依据国家食品安全管理需求、食品安全主要问题开展食品安全科技创新工作，德国、丹麦和瑞典均大力开展农兽药残留、食品添加剂和微生物污染等研究。由于这三个国家食品安全的背景和面对的食品安全问题不同，因此它们在确定食品安全科技创新领域时有所不同。

（1）德国的食品安全科技创新领域

第一，食品化学与食品污染物毒理学研究。德国的食品安全研究基础雄厚，以食品化学、分子营养科学、分子毒理学、毒理学和食品安全学为基础，将食品化学与毒理学紧密结合，开展遗传毒性、内分泌紊乱、DNA（脱氧核糖核酸）损伤、生物标志物和分子毒理学研究，还对饲料和动物排泄物中潜在的危害生物和物质进行研究。

第二，食品生产与加工环境、过程安全性研究。德国的食品加工设备比较先进，食品加工业发展很快。根据这个特点，德国积极开展农业生态环境的风险评估、热处理安全性评估等研发工作。

第三，天然与功能食品的安全性研究。德国的食品营养学较为发达，其开发了大批天然及功能食品。同时，结合食品安全需求，进行如天然食品成分、植物致癌物、植物雌性激素、天然抗癌药物的合成、结构与生物标志物对有机食品影响的作用方式等研究，并制定了评估标准。

第四，多残留检测技术研究。德国利用本国检测技术和检测仪器的优势，进行了农药多残留检测、农药降解产物和残留分析、农药残留免疫分析、饮用水监测中微量物质及其代谢物分析、食品和饲料中真菌毒素的多重测定等技术研究。

（2）丹麦的食品安全科技创新领域

第一，动物疾病诊断、控制与风险评估。丹麦食品产业发展的显著特点是猪肉的出口量大，其出口量占国际贸易量的20%左右，猪肉产业成为丹麦食品的第一产业。为了促进肉类的国际贸易，丹麦大多数的食品及食品安全研究集中在肉类上。其中，对食源性疾病致病菌的诊断及对食物链中致病菌的检测与控制技术，特别是对沙门氏菌、空肠弯曲菌、致病性大肠杆菌等细菌的检测，以及对细菌耐药性的研究，独具特色。同时，丹麦重点关注食品微生物学、风险评估和监测，以及动物疾病检验控制关键技术、实验室应急准备研究等。

第二，动物病理学研究。主要针对食品动物进行显微病理学、免疫组织化学、血液分析研究和应用微生物与肠内微生物学研究。

第三，生物化学与遗传毒理学研究。主要是通过食品化学与毒理学的结合，开展替代动物试验、生物标志物和毒理临床生物化学研究。

第四，人畜共患病的诊断。重点研发分离和鉴别食品动物排泄物中的细菌与病毒的关键技术。

（3）瑞典的食品安全科技创新领域

第一，动物性食品疾病研究。瑞典的动物性食品产业在本国的重要性虽然远不及丹麦，但还是比植物性食品产业更重要，其海洋捕鱼业也比较发达。为了保护自产动物性食品的卫生安全和减少外来动物性食品的健康威胁，瑞典侧重于对动物性食品的疾病研究，尤其是对疯牛病和沙门氏菌的研究。

第二，动物性食品危害分析。瑞典拥有 100 多个进口口岸，进出口大量的动物性食品，因此，对动物性食品的危害分析对瑞典来说尤为重要，包括检测方法的建立、方法评价、方法标准化和微生物危害物风险评估、分析方法的建立等。

第三，天然毒素研究。在瑞典，植物性食品业占有一定分量，其中海洋植物性食品尤具特色，瑞典重点关注藻类毒素等植物性食品的生物毒素研究。

第四，饮水中的铀研究。在瑞典宪法中，饮用水被纳入食品的范畴。瑞典在长期的饮用水检测中发现铀含量较高，针对这个突出问题，瑞典正在开展饮用水中铀的危害分析与控制技术研究。

4.3.4 积极参与国际合作创新

随着食品生产和分销的全球化，食品安全问题已经跨越国界，因此积极参与国际食品安全活动，借鉴国外经验，提高我国的食品安全综合水平，提高我国食品在国际食品贸易中的竞争力，以促进食品的国际贸易发展，应该是我国食品安全问题研究的目标。

1. 德国

德国的参议院食品安全委员会与欧盟食品安全局合作，对食品中的各类污染物进行研究，并同食品添加剂联合专家委员会（JECFA）合作，建立食品添加剂数据库，同时，与世界卫生组织等进行合作，共同开展食品安全科研。

2. 丹麦

丹麦的人畜共患疾病中心和国际人畜共患病参比检测中心，与进行细菌耐药性研究的世界卫生组织参与沙门氏菌监测计划的参比实验室合作，提高了丹麦动物疾病和食源性疾病检测的水平，促进了猪肉的出口。

3. 瑞典

瑞典与国际食品法典委员会（CAC）保持着密切的联系，并积极参与和配合CAC组织的活动和欧盟委员会工作，承担了许多欧盟研究项目，如建立分析方法、分析评估数据和开展网络建设项目以及海产品综合风险分析项目，目的是建立污染物和天然毒素的随机风险分析模型，开展不确定性分析，建立风险分析标准。

风险评估由危害鉴定、危害特征描述、暴露评估和风险特征描述几个步骤组成，是一项系统工程，需要大量的人力、财力才能完成，单靠一个国家很难进行，因此在保证食品安全方面，国际合作很有必要。

4.3.5 欧盟食品安全科技体制创新对我国的借鉴意义及启示

1. 风险评估的科学机构要保持独立性

规制机构要能履行对市场进行规制的责任，其地位就必须是独立的。这种独立性既体现为不受政治干预而独立进行工作的能力，也体现为相对独立于企业而对企业进行规制的能力。这就要求规制机构免受来自政治、经济等相关利益集团的干扰，因此，规制机构在财政和决策方面往往享有一定程度的自主性。德国的规制体制将政治方面的考量归入风险管理，从而进一步将风险评估的专业性和独立性凸显出来。具体而言，风险管理依据一定的风险分析和评价信息来确定政府对何种风险进行干预，所以政治因素的考量是不可避免的。将负责提供风险评价信息的风险评估从风险管理中分离出来，则能进一步提升风险评估机构的专业性，通过将"政治的归政治，科学的归科学"，可以重建公众对科学以及风险评估的信心。

规制独立性的还体现在规制者与产业之间的关系上。如何在不损害消费者利益的前提下引导产业健康、持续地发展，是对规制能力的重大考验，处理得不好，就会演变为是保护产业利益还是保护消费者利益的非此即彼的选择。在食品安全领域，这体现为对消费者利益的保护会导致对企业甚至是对产业的打击，规制者往往会担心某个企业或产业的倒闭会给经济特别是社会稳定带来不利影响而站在产业的一边。在我国，政府为了经济发展而保护大企业，但往往出现重大食品问题的是大企业，因此，政府在改革食品安全规制体制的同时，应该反思"保护大企业，取缔小作坊"的规制思路，进一步思考如何在不损害消费者利益的前提下兼顾食品产业发展，将从事风险评估的科学机构从风险管理的政府部门中独立出来，增加食品安全风险评估的科学性和透明度，增加公众对食品安全管理的信任度，并在《中华人民共和国食品安全法》中明确风险评估机构的独立地位。

2. 多学科研究

欧盟各国的食品科学、食品化学、环境科学、生物科学等部门协作密切，它们将食品化学与毒理学密切结合，引入分子毒理学，形成了交叉学科，大大提高了食品安全基础研究的学科水平。我国应设立食品安全学科组，提倡学科交叉，加大对食品安全基础问题的研究力度。

3. 法律层面上确立食品安全科学研究的任务和地位

德国食品核心法律《食品和饲料法典》第五条明确禁止"不安全"的食品的生产和销售，并强调欧盟 178/2002 号条例第十四条第一款的规定"不安全食品不得投入流通"是"不可侵犯"的。在规制手段上，预防原则也从事后规制转向事前规制。事后规制面对的是已经生产或消费的食品所产生的危害，严格来说是一种危害管理，关注的是事后追责与处罚。这种事后规制的理念，已不足以应对各种风险可能带来的危机，相对于已经造成的危害，任何追责都是不够的。在疯牛病暴发之后，德国从根本上重构了其规制理念，从以往的依靠事后规制转变为强调事前规制，即动用规制的强制力量，避免人们受到不安全食品的侵害，这体现在德国市场准入制度的建设上。德国的食品市场准入制度包括两个方面的内容：一是针对国外食品进入德国市场的规定，针对欧盟成员国以外的国家，食品进入德国前需在欧盟边境上按照有关规定接受检疫检查，如发现任何可能危害人体健康与安全的问题，则应对该食品进行处理，无法处理的便进行销毁；二是针对德国国内生产的食品进入市场的规定，国内产品的市场准入管理主要体现为对食品生产加工和加工企业实行许可证制度、对食品出厂实行检验制度、对食品质量安全市场准入认证标志的管理等。

欧盟各国食品安全科研都是在法律层面上确立其合法地位后开展的，相比而言，我国通过立法促进食品安全科技创新势在必行。

4.4 韩国的食品安全科技体制创新

虽然韩国政府一直十分重视食品安全问题，但食品安全问题依然时有发生，随着食品安全事故的发生和一些新型食品原料（如转基因食品、新资源食品等）的产生，韩国也在不断地调整相应监管机构职责并制定一些新的法律法规，同时，不断进行食品安全科技创新以提高本国食品品质和市场竞争力，保障食品安全。

为了避免食品安全规制和科技创新沦为各方利益博弈的牺牲品，保证以人为本的民主理念的顺利实施，韩国现行食品安全规制体制的核心为"保护消费者的安全",同时,各食品规制机构的工作以提高食品的品质和市场竞争力为重点内容,这样的规制理念在使得韩国食品安全科技创新力量大大增强的同时,也让韩国食品行业的国际市场竞争力大幅提升。

4.4.1 韩国食品安全规制特点

从规制对象属地性分析来看,韩国食品安全规制最重要的特点之一就是对于本国食品和进口食品实行截然不同的规制,具体表现如下。

1. 进口食品安全规制严于本国食品

韩国对进口食品的安全规制明显严于本国食品,具体体现为韩国食品安全规制机构对进口食品和本国食品使用不同的质量标准,甚至在使用同一标准的情况下对于进口食品的标准要求更高,对于本国食品的标准要求则较低。

2018 年 1 月 16 日,韩国食品药品安全厅(KFDA)公布了 2017 年韩国进口食品安全情况。2017 年,韩国各类食品安全规制机构共检出进口食品不合格数量 67.23 万件,其中 57.9％为包装不合格,15.0％为保健功能食品不合格,7.9％为不在食品类别,6.5％为农林产品不合格,6.0％为畜产品不合格,5.5％为水产品不合格,1.2％为食品添加剂不合格。

2. 规制措施存在差异

从规制措施来看,对进口产品以强制性检验检疫和市场检查为重点,对国内产品则以技术服务和认证为重点。

出于对本国食品安全的信任和以保护本国食品安全为主要目标,韩国各个食品安全规制机构对于进口食品实行强制性检疫,同时,对于已经经过检验检疫的进口食品进行随时检查,一切目标都是保证进口食品的绝对安全。韩国实行食品安全准入认证制度,以预防食品安全事件为出发点,对已经获准进入市场的食品提供技术服务,同时伴随着食品安全科技的创新服务。

3. 对于进口食品施行特别的法律规制

《进口食品安全管理特别法》和《农药肯定列表制度》是韩国特别制定的适用于进口食品规制的法律,韩国近年来对这两项法律进行了修订,修订的主要内容有以下两个方面。

(1)《进口食品安全管理特别法》于 2016 年 2 月正式实施。该法规强化了全过程管理理念、入境口岸查验措施以及食品入境后追溯管理,对所有进入韩国的食品生产企业实行注册制,将食品安全监管重点由口岸延伸至生产源头。同时,韩国食品药品安全厅对所有进口农产品及相关产品均实施通关强制申报制度,对农药残留、微生物、食品添加剂、重金属等有害物质的限量、标签等都有严格要求,对产品加工厂、仓库注册也进行了重新界定。仅就海外注册审核一项,检查内容就涵盖原料检验、设备设施维护保养、厂区环境等 6 个领域 85 个项目。

（2）《农药肯定列表制度》（PLS）于 2016 年开始全面实施，该法规对农产品中农药残留限量的要求更加全面、系统、严格。目前，韩国已经制定的 7261 条农药残留限量标准，包括农作物使用的 441 种农药、人参使用的 78 种农药以及畜产品使用的 83 种农药。新法规实施后，我国出口农产品到韩国时需要确认农药在韩国是否制定最大残留限量标准，否则将会按照"一律标准"（百万分之 0.01）进行检查。

严格的进口产品法律规制导致我国出口产品至韩国的企业成本大幅增加。我国现在使用的大部分农药都被纳入查验范围，肉类、乳制品、鸡蛋、水产品等至少面临抗生素、激素、杀虫剂、金属残留等 77 项指标检测。以蔬菜为例，出口蔬菜需检测 286 项农药项目，该项检测费用最高达近万元人民币。另外，检测周期的延长以及产品通关时间的延长，也增加了企业出口成本。

4.4.2 韩国食品安全规制体制的最高权力机构

在韩国，由国务总理担任委员长的"食品安全政策委员会"，统管政府食品安全管理工作。国务总理通过食品安全政策委员会的审议，每 3 年制订一次食品安全管理的基本计划。相关的政府其他部门及地方自治团体，根据此基本计划每年制订具体的实施计划。

1. 成立韩国食品安全政策委员会的目的

（1）韩国食品安全规制的最高权力机构是韩国食品安全政策委员会，该机构成立的主要目的就是加强对食品安全的单一机构规制，避免多方规制的局限性，加强食品安全管理的总体意识。

（2）韩国食品安全政策委员会是国务总理室下属的审议委员会，其成立是"为了构建食品安全促进体系，保证食品安全政策的有效性"。

2. 韩国食品安全政策委员会的工作内容

（1）韩国食品安全政策委员会在韩国食品安全体制中的地位非常重要，它的主要工作一般为：制定有关食品安全管理的方针政策，帮助相关食品安全部门进行组织协调以及处理日常发生的食品安全事故。

（2）韩国食品安全政策委员会主要的工作内容是制订食品安全管理计划。制定并修订与食品安全相关的主要政策、标准规范，负责卫生性评价的相关事项和重大安全事故的综合应对以及其他与食品安全相关的重要事项。

（3）食品安全政策委员会的委员长为国务总理，食品药品安全厅董事长、农林畜产食品部长官和海洋水产部长官都是该委员会的委员。

4.4.3 韩国食品安全规制机构

韩国食品安全规制机构涉及韩国食品医药品安全厅、韩国海洋水产部以及韩国农林畜产食品部三大机构，具体分工如下：

1. 韩国食品医药品安全厅（KFDA）

韩国食品医药品安全厅是掌管韩国食品和保健食品、医药品、麻药类、化妆品、医药外品、医疗器械等安全事务的中央行政机关，是食品安全规制最重要的政府机构，其职能范围明显大于海洋水产部以及农林畜产食品部，因此，有必要对韩国食品医药品安全厅进行详细的介绍。

（1）韩国食品医药品安全厅的主要目的及职责。韩国食品医药品安全厅设立的目的在于"提高生活质量，确保民生安全；从生产到消费的全过程，以人为核心进行安全管理；实现国民更安全、更健康的生活期望；确保安全，更要确保安心"。

韩国食品医药品安全厅负责韩国农产品加工品和流通领域农产品的安全规制工作。加工品主要指经过加工已经不能辨认其原有形态的产品，而流通领域农产品包括有毒有害物质等。

韩国食品医药品安全厅的主要职责是预防韩国食品医药品危害，开发危机管理政策并制订计划，制定并改善食品、保健食品、食品添加剂和器具容器包装的卫生安全管理政策及制度，开发与食品营养安全及保健食品相关的政策，制订并管理与食品营养安全及保健食品相关的综合计划，制订并调整与农畜水产品卫生和安全管理相关的政策及安全管理计划，制订并调整韩国医药品及麻药的政策以及综合计划，制订和调整韩国生物医药品的安全相关政策以及和管理相关的综合计划，制订及调整韩国与医疗器械政策相关的综合计划，调查韩国食品医药品的违法犯罪行为和经常性、故意性的犯罪行为等。

（2）韩国食品医药品安全厅的组织构成。随着韩国农畜水产品等食品安全管理的一体化，2013年3月22日，韩国对《政府组织法》进行了修改，对食品药品安全厅进行了扩大和改编。升级后的韩国食品药品安全厅本部包括7个司（消费者危害预防司、食品安全政策司、食品营养安全司、农畜水产品安全司、医药品安全司、生物生药司、医疗器械安全司）、1个官（企划调整官）、44个科；下属机关包括食品药品安全评价院、6个地方厅（首尔地方厅、釜山地方厅、京仁地方厅、大邱地方厅、光州地方厅、大田地方厅）和13个分所。

2. 韩国海洋水产部（MOF）

（1）韩国海洋水产部的机构地位。韩国海洋水产部是掌管海洋政策、水产、渔村开发以及水产品流通、海运、港湾、海洋环境、海洋调查、海洋科学技术研究开发和海洋安全审判等相关事务的中央行政机关。

（2）韩国海洋水产部的成立。韩国海洋水产部于 2013 年 3 月 23 日设立，并开始管理国土海洋部移交的海洋业务和农林水产食品部移交的水产业务。

（3）韩国海洋水产部的规制内容。韩国海洋水产部负责韩国水产品的质量安全规制工作和病虫害检疫工作。

3. 韩国农林畜产食品部（MAFRA）

（1）韩国农林畜产食品部的机构地位。韩国农林畜产食品部是掌管韩国农产、畜产、粮食、耕地、水利、食品产业振兴、农村开发和农产品流通等事务的中央行政机关。

（2）韩国农林畜产食品部的历史沿革。1948 年韩国农林部设立，1973 年更名为韩国农水产部，1986 年更名为韩国农林水产部，1996 年更名为韩国农林部，2008 年更名为韩国农林水产食品部，2013 年 3 月更名为韩国农林畜产食品部。

（3）韩国农林畜产食品部的规制内容。韩国农林畜产食品部主要管理韩国粮食的安全供给、农产物的品质、农民的收获和经营安全科福利的提升，韩国农业竞争力的提高和相关产业的培养，负责韩国农村地区的开发和国际农业通商合作相关事项，负责韩国食品产业的振兴和农产物的流通及价格稳定相关事项。不过，韩国重点地区的农畜产品卫生安全管理的职责被移交给了韩国食品药品安全厅。

韩国农林畜产食品部实行的是垂直管理制度，负责农产品生产、贮藏和批发市场中的质量安全规制，畜类产品"从牧场到餐桌"全过程的质量安全规制和农畜产品的品质认证、地理标识管理、原产地管理和进口农畜产品及其加工品的病虫害检疫和畜产品的质量安全规制工作。农林畜产食品部内设产品质量管理局、畜产品质量管理局和粮食管理局，负责农产品质量和安全方面对策的拟定、法律法规的制定等。

4.4.4 韩国食品安全非政府组织

除了政府组织对食品安全的规制以外，韩国存在着大量的食品安全非政府组织，它们也对食品安全规制起着重要作用，这样的组织大量地以协会的形式存在，具体有以下几个：

1. 韩国食品安全协会（KFSA）

（1）韩国食品安全协会的历史沿革。韩国食品安全协会成立于 2003 年 6 月，2003 年 7 月在韩国食品安全厅的准许下获得公益法人资格。

（2）韩国食品安全协会的主要职责。韩国食品安全协会是韩国最主要的食品安全非政府组织，主要负责食品安全的标准制定和食品协会会员单位的食品安全自律监管。

2. 韩国食品产业协会（KFIA）

（1）韩国食品产业协会的历史沿革。1969 年 10 月 7 日，韩国食品产业协会创立；1986 年 5 月 1 日，《韩国卫生法》赋予其法定团体的身份；1986 年 5 月 22 日，韩国食品安全协会会馆建立；1986 年 7 月 4 日，韩国食品安全研究所成立；1995 年 8 月 31 日，韩国食品产业协会被指定为食品安全教育实施机构；1997 年 1 月 4 日，韩国食品产业协会成为韩国食品广告的事前审议机构；2001 年 5 月 2 日，韩国食品安全研究所釜山分所成立；2010 年 9 月 9 日，韩国食品产业协会成为韩国食品安全检查人员的培训机构；2011 年 9 月 1 日，韩国食品产业协会成为提供国家食品安全服务的重要中心；2015 年 5 月 29 日，作为韩国食品产业协会的重要组成机构之一，韩国食品科学研究所改名为韩国食品科学院。

（2）韩国食品产业协会的组成机构。韩国食品产业协会内部机构包括食品安全司、食品安全支持司、产业提升司、卫生教育司和总务司（包括预算和结算、会员管理、章程的制定和修改等事务的处理）五个部门。

3. 韩国食品研究院（KAFRI）

（1）韩国食品研究院（Korea Advanced Food Research Institute，KAFRI）的机构简介。韩国食品安全协会下属的韩国食品研究院是韩国食品安全科技创新的重要机构之一，该研究院成立于 1986 年 7 月 4 日，2015 年 5 月 29 日由韩国食品科学研究所更名为韩国食品研究院。

（2）韩国食品研究院的业务范围。韩国进口食品的检验基本都是由韩国食品研究院强制执行的，另外，该研究院还进行国内食品的安全检验、水资源的安全检验（包括地下水、饮用水和水源地的安全检验）、食品包装材料中残留溶剂的检验、中草药成分检验、委托加工畜产品检验、食品中放射线等辐射的检验和化妆品质量检验。

韩国食品研究院的另一项重要职责就是对韩国食品安全科技知识的普及、教育和培训工作，其中包括三个方面：第一，对食品卫生进行控制和指导。具体包括制定食品安全管理认证制度指导方针，确保食品加工制造企业、现场销售制造业、加工企业和大众餐饮机构的食品安全和食品安全事件的处理工作。第二，教师培训工作。韩国食品研究院被指定为在食品领域再就业人员和中学教师的职业培训机构，该机构为食品生产和加工企业提供程序处理和各种食品成分分析在职技能培训。第三，食品分析教育项目。该机构通过食品分析教育项目，为相关研究中心和教育机构培养食品安全方面的生产和加工业务分析专家。

4. 韩国健康功能食品协会（KHSA）

（1）韩国健康功能食品协会的目标。韩国健康功能食品协会旨在增强消费者对本国健康功能食品的信任，提高国民对健康功能食品的认识，确保健康功能食品行业健康发展，从而实现韩国健康功能食品全球化发展的目标。

（2）韩国健康功能食品协会的历史沿革。1990 年 1 月，在韩国政府的准许下，韩国健康功能食品协会成立；2004 年 1 月，韩国健康功能食品协会成为健康宣传和广告审查的指定机构，同时，韩国健康功能食品协会成为健康培训的指定机构；2004 年 10 月，韩国健康功能食品协会成立了韩国健康保健品研究院；2017 年 1 月，韩国健康功能食品协会成为韩国 GMP 标准执行的培训机构。

（3）韩国健康功能食品协会的机构构成。韩国健康功能食品协会实行董事会管理制，设立了管理司、研究发展司、计划司和分析司，对协会的日常工作进行管理，同时设立了主席、副主席、执行理事、总经理和下属会员等职位，对协会的工作进行了分工。

韩国健康功能食品协会中负责协会日常工作的工作组具体有健康功能食品评估组、健康功能食品标准评估组、健康功能食品研究组、健康功能食品检验计划组、消费者服务组和添加剂分析组、营养和功能成分分析组、容器分析组、化妆品分析组和毒物分析组。

另外，韩国健康功能食品协会还有中小企业食品发展协会、韩国食品安全信息协会、韩国年糕类食品加工协会、韩国米类加工食品协会、韩国传统加工产业食品协会等诸多非政府组织，它们对某一特定类别的食品或者食品生产企业进行管理，对政府规制起到了很好的补充作用。

4.4.5 韩国食品安全规制体制特点

韩国食品安全规制体制经过不断的深化改革和完善，已经形成了一套较为完善和系统的体制，这个体制具有以下鲜明的特点。

1. 韩国食品安全规制体制清晰

在规制体制方面，韩国政府成立了食品安全政策委员会，负责制定韩国相关的方针政策以及负责部门间工作的组织协调、食品卫生安全事故的处理工作，卫生部负责流通中的农产品质检工作，农林畜产食品部和海洋水产部负责农产品的生产、储运以及销售前的质量监测工作，环境农业科专门负责认证法律和新品种法律的制定和修订工作。各部门间分工合作、权责分明、协调统一，形成了一套科学合理、清晰明确的规制体制。韩国的单一食品安全规制主体的优势非常明显，这使得韩国诸多的政府和非政府的食品安全规制机构在食品安全事件发生时能够临危不乱、各司其职。

2. 韩国食品安全科技标准创新

（1）食品安全规制标准分类。韩国食品安全规制标准主要有两类：一类是安全卫生标准，包括动植物疫病、有毒有害物质残留标准等，该类标准由卫生部门制定；另一类是质量标准和包装规格标准，由农林畜产食品部下属的农产品品质研究院制定。

（2）韩国创新食品标准的程序。第一，从产地到销售地点调查产品的质量和包装条件；第二，向生产者、销售者、科研部门及相关机构征求各种意见，通过仔细讨论，由委员会确定产品标准；第三，依据食品的质量因子如风味、色泽和大小对它们进行分级，并采用标准的保证材料对其进行包装，对同种商品贴上相同的标签；第四，生产者按标准对食品进行分级包装和运输，为了防止销售违法的农产品，在市场上还经常对食品质量、包装和商标进行检查。

3. 完善的食品质量安全法律法规体系

韩国在食品监管方面拥有完整的法律体系，目前，韩国主要的食品安全管理相关法律法规有《食品卫生法》《食品安全基本法》《畜产品卫生管理法》《水产品质量管理法》等。

（1）《食品卫生法》和《食品安全基本法》是韩国两个尤为重要的法规。1962年1月20日，韩国《食品卫生法》制定并公布，其后又经过多次修订。韩国《食品卫生法》包括13章内容，同时并行的还有韩国《食品卫生法实施令》和《食品卫生法实施规则》。韩国《食品卫生法》制定的目的是"防止由食品产生卫生上的危害，提高食品营养质量，提供与食品相关的正确的信息，促进韩国国民保健"。该法主要针对食品添加剂、标签、包装、进口申报、自行检查、处罚标准等进行了规定，其中明文规定禁止生产或销售有害的食品和食品添加剂，禁止销售有害的器具和包装容器，禁止虚假标签和夸大的广告宣传，认真贯彻落实自行检查工作，进行进口申报和禁止一些特定食品的进口和销售等。随着食品安全问题的屡次出现，2008年，韩国在修改《食品卫生法》的同时制定了《食品安全基本法》。韩国《食品安全基本法》的制定是为了"明确与食品安全相关的国民权利和义务及地方政府的责任，规定与食品安全政策的制定和调整相关的基本事项，为韩国国民营造健康、安全的饮食条件"。《食品安全基本法》包括6章内容，主要规定了韩国食品安全管理的基本计划、食品安全政策委员会的主要职责及委员会的构成、发生重大食品安全事故时的紧急应对方案及相关事项、为防止食品安全事故的发生对食品进行危害性评价的相关事项、促进行政机关相互协作的相关事项、消费者参与食品安全委员会的相关事项等。

（2）《食品公典》和《食品添加剂公典》是韩国两个很重要的食品和食品添加剂标准，对食品生产过程中有害物质的残留和食品添加剂的使用做了限量要求。韩国《食品公典》的内容主要是对韩国食品进行分类，规定食品的标准规范和试验方法，并且对农药残留和兽药残留做了限量要求。其涵盖 124 种兽药，其中有 7 种规定在动物性食品中不得检出，而其他 117 种兽药在不同食品中均规定了最高残留限量。《食品添加剂公典》则规定了添加剂的生产标准和使用标准。其中，只能在调配乳类食品中以营养强化为目的使用的添加剂有 106 种，可以在调配乳类食品中使用但不是用作营养强化目的的添加剂有 37 种。《食品添加剂公典》还对食品添加剂进行了分类，将之分为化学合成添加剂、天然添加剂和混合添加剂三大类。虽然《食品添加剂公典》中规定的化学合成添加剂共有 438 种，但其中包括 30 种已经被禁止使用的添加剂，也就是说，在韩国被允许使用的化学合成添加剂实际为 408 种，在这些被允许使用的化学合成添加剂中大约有 200种没有规定使用标准；同样，天然添加剂有 213 种，但其中也包括 9 种被取消使用的添加剂，因此实际有 204 种天然添加剂被允许使用，这些被允许使用的天然添加剂中大概有 118 种未规定使用标准；混合添加剂共有 7 种并且都没有规定使用标准。

4. 韩国各项食品安全法规与时俱进

时代的发展进步必然促使国家法律在各方面不断完善，韩国政府一直秉承着这个理念，韩国政府制定的关于保健品和功能性食品方面的法律条文就是最好的证明。

除了 20 世纪就已经存在的《农产品质量管理法》《畜产品卫生管理法》等法律法规以外，近年来韩国新颁布的部分食品安全法律法规如表 4-4 所示。

表 4-4　　　　　　　　韩国部分食品安全法律法规

法律法规名称	颁布单位	颁布或修订时间
保健功能食品法	卫生和福利部	2004 年 1 月 31 日
保健功能食品标识标准	食品与药品安全厅	2004 年 1 月 31 日
保健功能性食品功能性成分批准规程	食品与药品安全厅	2004 年 1 月 31 日
健康功能食品法	卫生和福利部	2006 年 11 月 20 日
儿童饮食生活安全控制特别法案	食品与药品安全厅	2013 年 3 月 23 日
功能性健康食品法	食品与药品安全厅	2014 年 5 月 21 日
进口食品安全管理特别法	食品与药品安全厅	2015 年 2 月 3 日
食品器具、容器和包装的标准和规范	食品与药品安全厅	2015 年 3 月 6 日
畜产品加工标准和配料规范	食品与药品安全厅	2015 年 12 月 16 日

法律法规名称	颁布单位	颁布或修订时间
畜产品进口法规	食品与药品安全厅	2016 年 2 月 4 日
食品标签标准	食品与药品安全厅	2016 年 6 月 13 日修订
食品添加剂法典	食品与药品安全厅	2016 年 11 月 16 日
食品添加剂法典	食品与药品安全厅	2017 年 12 月 12 日修订

资料来源：根据韩国食品药品安全厅网站资料整理。

总结近年来韩国食品安全法规的变化，可以得出以下几点。

（1）2016 年 1 月起，韩国法律修改了餐饮店设施基准，允许设置店中店（Shop in Shop）形式的复合卖场。

餐饮店或酒店无须以墙壁或层划分，允许设置书籍出售区域或台球娱乐区域等，但有可能影响食品卫生或应划分区域的食品服务行业，须遵守区域划分相关规定。

（2）2016 年 1 月起，从韩国食品药品安全部指定认证机关获得清真认证的食品，允许进行清真食品标记和投放清真食品广告，并强化食品标识相关要求。

①直接接触食品的橡胶器具应标记为"食品用"或配有食品用器具图案。

②咖啡（液态咖啡、调制咖啡等）与酱类（大酱、辣椒酱、酿造酱油、甜面酱等）强制要求标示热量，以及碳水化合物、蛋白质、脂肪、钠等营养成分的含量。

（3）2016 年 2 月 4 日，《进口食品安全管理特别法》正式实施。该法要求海外制造企业进行提前登记，并要强化对海外制造企业的实地考察等，从进口前阶段开始加强对进口食品的安全管理。

①代理报关业、网络代购业、保管业等行业，以往没有营业登记相关要求，但该法律实施之后强制要求进行营业登记。

②向韩国出口食品的海外制造企业，从 2016 年 8 月起应提前进行海外制造企业登记。

（4）2016 年 2 月起，韩国设置并运行中央供食管理支援中心，统一各地儿童供食管理支援中心的标准菜谱、教育资料开发等共同业务。这一措施帮助各地儿童供食管理支援中心集中精力进行现场管理。

（5）2016 年 3 月起，食品安全管理认证制度（HACCP）强制适用对象扩大到米肠、鸡蛋、炒年糕等与群众生活密切相关的食品。

①2016 年 12 月起，对强制适用 HACCP 认证制度的米肠制造企业（2 名以

上员工）、鸡蛋加工厂（5 名以上员工）、年糕类制造企业（销售额达 1 亿韩元以上及 10 名以上员工）实施现场检查、教育等，并支援设施改善资金。

②韩国食品药品安全部计划要求，米肠制造企业与鸡蛋加工厂于 2017 年前适用 HACCP 认证制度，年糕类制造企业于 2020 年前适用 HACCP 认证制度。

（6）2016 年 4 月起，实施自我质量检查的食品及食品添加剂制造企业引进记录管理系统，以防止伪造、篡改检查结果；2016 年 10 月起，自我质量检查周期由 1～6 个月缩短为 1～3 个月，以此提高自我检查的时效性。

（7）2016 年 6 月起，为了提高健康功能食品的可信度，对已认证的功能性原料，以 5 年为一个周期对其功能性、安全性实施再评估。同时，将消费者难以分辨的降低疾病风险功能和 1、2 级生理活性功能统一为"功能性"，废除生理活性功能 3 级分类。

（8）2017 年 12 月 27 日，韩国食品药品安全部与农林畜产食品部联合发布了 2018 年韩国食品安全、支援主要政策，与进出口有关的主要内容如下。

①2018 年 1 月：食品主标识面上要以表格、段落的形式进行标识并统一扩大字号；合并食品和畜产品的法规标准；室温保管的饮料类和发酵乳类可冷冻之后进行销售；果酒中以增香为目的所使用的橡木片（棒）允许使用于发酵醋的制作、加工；对农产品出口企业实行定制型出口支援制度；改善食品名人指定评价标准及管理体系。

②2018 年 2 月：构筑国家水产品残留物质检测（NRP）体系，以政府为主体，对大量水产品中的抗生素等残留物的检测方法及科学性风险评估等进行系统性管理。

③2018 年 3 月：支援中小食品企业利用保证保险购买国产农畜产品。

④2018 年 6 月：对健康功能食品强制实行流通履历追溯制度。以 2016 年销售额为基准，将其范围扩大到销售额为 1 亿韩元以上的进口健康功能食品。

⑤2018 年 12 月：强制适用 GMP；对火腿、香肠、汉堡肉饼等食用肉加工品种强制实行 HACCP 认证制度。

5. 韩国食品安全的相关法规和标准涉及内容广泛

在韩国，几乎所有的食品都接受各种质量安全和检疫法规的保护，水果、蔬菜、水产品、家禽，甚至进口产品。韩国的主要食品规制制度包括韩国家庭饲养禽类肉检查免疫制度、口蹄疫及疯牛病疫区产品紧急进口限制制度、转基因加工食品标示制度、水产品安全检疫检验制度、农药和有害物质标准制度以及 177 种进口食品原产地强制标示制度。

6. 加强健康饮食标准的宣传

韩国食品药品安全厅在宣传健康饮食方面的具体措施有以下几个方面：

（1）通过低钠运动加强健康饮食。摄入过多的钠会导致慢性疾病，如高血压和中风。为了降低国民钠摄入量，韩国食品药品安全厅举办了提高消费者意识的全国性运动，包括连续活动、公益广告和创意竞赛等。低钠消费习惯的养成需要建立低钠食品消费环境。目前，韩国在加工食品、餐厅食品消费中，都倡导低钠，甚至为典型的高钠加工食品开发了一种钠还原指南、设立"低钠膳食服务周"等。

（2）减少糖摄入量的宣传活动。

（3）建立安全的外出就餐环境。随着韩国人膳食模式的变化，越来越多的韩国人喜欢外出就餐，与此同时，韩国每年72%的食物中毒患者来自外出就餐。对此，韩国政府努力与其他机构合作，防止食物中毒事件的发生和及时应对食物中毒，集中指导和检查，预防食物中毒，并在易致病季节进行相关推广活动。

（4）加强儿童食品安全管理。儿童是国家的未来，为了他们的健康，食品安全的规制是必不可少的。在韩国，为了鼓励孩子选择健康、安全的食品，韩国食品药品安全厅将超过一定的标准和那些可能导致肥胖或营养不平衡与高热量的食物称为"高热量低营养的食物"，并禁止商家在学校周围销售该类食品。此外，电视广告中禁止出现高热量和低营养的食品以及含有大量咖啡因的食品，引诱儿童购买该类食品的广告也受到限制或禁止。

韩国实行"儿童的饮食生活"安全管理专项行动，活动的核心是教育儿童养成健康、适宜的饮食生活习惯。韩国在2010年编写了小学（低、中、高年级）营养和膳食生活教科书，该书从2011年起被用于儿童食品安全和营养教育。2013年，韩国为初中和高中学生编写了食品安全和营养教育课本，从2014年开始投入教学使用。

韩国食品安全规制部门认识到需要有一个全面的、系统的解决方案来解决儿童食品安全问题，而且儿童食品安全规制必须由政府主导。2007年1月，政府制定并公布了"儿童食品的综合安全措施"。2008年3月又颁布了《保证儿童食品健康的特别法》，该法于2009年3月生效。根据该法，韩国学校200米半径内被指定为绿色食品区（或儿童食品安全保护区）。在该范围内，包括生产和售卖儿童喜欢的食物的企业所使用的设备，必须符合"特殊行为对儿童的饮食生活安全管理卫生标准"的规定，禁止商家销售高热量低营养的食物或含咖啡因的食物。

韩国中小学禁止销售会让儿童成瘾的饮料类产品，如碳酸饮料、混合饮料、乳酸菌饮料、果蔬汁饮料、加工乳饮料等含有咖啡因成分且包装上贴有"高咖啡因含有标识"的饮料。

韩国食品药品安全厅建议，成人每日咖啡因摄取量应该在400mg以下；孕妇应该在 300mg 以下；儿童青少年则根据体质划分。

7. 运用市场机制加强食品质量安全管理

在韩国食品安全规制和科技创新中，政府机构起着很大的作用，但是，民间组织和中介机构，尤其是以协会形式存在的非政府组织也是至关重要的。前文介绍的诸多韩国食品安全非政府组织，均在协助政府从事食品安全科技创新工作，包括制定新标准、开展新产品认证工作、协助政府做好进出口货物的检测等中发挥了重要作用。

5 中国食品安全科技体制创新及综合改革对策分析

5.1 中国食品安全规制机构改革分析

食品产业对整个国民经济发展起着非常重要的作用。科学、合理的食品安全规制体系，对于确保中国消费者的健康和安全至关重要。建立和完善统一协调、权责明晰的食品安全规制体制是有效规制的前提条件。随着食品产业链条的不断延长和国际贸易量的日趋扩大，食品不安全因素越来越复杂、风险也越来越高。食品安全领域存在的严重市场失灵问题，是各国政府介入食品市场的重要依据之一。各国政府都不得不重新审视现行的食品安全规制体制，中国也是如此。

从上文分析的我国食品安全监管体制现状来看，我国 2013 年之前的食品安全监管体制主要采用的是分段式，而从之前分析的美国、日本、韩国和欧洲部分国家和地区来看，其相同点都是拥有较为完整和统一调控的规制体制，并且通过立法使其具有强制力，因此，要有效强化我国的食品安全规制体制，首先必须完善我国食品安全规制体制的协调性和统一性。

5.1.1 中国食品安全规制机构改革可选方案分析

多个食品安全规制机构分工负责是中国食品安全规制体制存在的弊病，它容易导致各机构之间职能交叉、责任不清的问题。对食品安全规制机构进行合理分工，是改革现有食品安全规制体制的核心任务。借鉴发达国家的经验，可供选择的改革方案大致有以下三种。

1. 彻底变革方案

第一种方案是最为彻底和根本的改革方案，具体内容如下：

（1）彻底改变现有的规制体制，改分散型规制为集中型规制。

（2）把现在分散在各部门的食品安全规制机构有机地整合在一起，成立一个独立的管理机构——国务院食品安全委员会。

（3）彻底解决现有矛盾，但同时必须要考虑到此方案对现有行政体制的冲击最大，因此此方案实施起来难度也最高。

2. 模仿美国改革方案

第二种方案是对美国食品安全规制体制的模仿和借鉴，以食品品种分类为主进行规制，具体方案如下：

（1）借鉴美国现有的管理体制模式，现有的五大管理机构不变。

（2）改现有按产业链环节进行分工的方式为按食品的类别进行分工的方式，这样每个部门都可以独立地对自己所分管的品种实行"从农田到餐桌"的全过程规制，其他部门无权干涉，哪个品种的食品安全出现问题就追究哪个部门的职责。或者根据食品的品种特征，将"品种管理"和"划段管理"结合起来，对能够集中的管理链条和跨度不太大的品种，可由一个部门管理；对于需要"划段管理"的品种，则要明确边界和衔接的方式方法。

（3）这个方案对现有体制也有一定的冲突，必须对现有机构进行重新分工，可以先选择部门进行试点，再逐步推广。

3. 小幅调整方案

第三种方案是在现有的管理体制基础上进行小幅度调整，现有规制机构不变，现有分工方式也不变，但必须解决好两个问题：

（1）就现有分工方式存在的交叉和重叠之处进行重新分工，只能由一个部门负责，其他部门退出，做到一个环节只有一个部门规制。

（2）就无人规制的盲区进行明确分工，做到各个环节都有部门规制到位。需要指出的是，在制订分工方案时，要充分考虑到各个部门现有的基础和强项，做到优势互补、齐抓共管，相对来说，这个方案的可行性最强、行政成本最低，但效果如何有待于进一步考察。

中国的食品安全规制模式改革中，中国选择了最彻底的也是最难的一个，就是第一种改革方案。

5.1.2　国务院食品安全委员会阶段

1. 国务院食品安全委员会成立

根据《中华人民共和国食品安全法》规定，为贯彻落实食品安全法，切实加强对食品安全工作的领导，2010 年 2 月 6 日，我国国务院食品安全委员会成立，它是国务院食品安全工作的高层次议事协调机构。

2. 国务院食品安全委员会职责

国务院食品安全委员会具体职责有 3 条：

（1）主要职责是分析食品安全形势，研究部署、统筹指导食品安全工作。

（2）提出食品安全监管的重大政策措施。

（3）督促落实食品安全监管责任。

5.1.3 国家食品药品监督管理总局阶段

1. 国家食品药品监督管理总局成立

中华人民共和国国家食品药品监督管理总局（CFDA）是国务院综合监督管理药品、医疗器械、化妆品、保健食品和餐饮环节食品安全的直属机构，负责起草食品（含食品添加剂、保健食品）安全、药品（含中药、民族药）、医疗器械、化妆品监督管理的法律法规草案，制定食品行政许可实施办法并监督实施，组织制定、公布国家药典等药品和医疗器械标准、分类管理制度并监督实施，制定食品、药品、医疗器械、化妆品监督管理的稽查制度并组织实施，组织查处重大违法行为。

2. 国家食品药品监督管理总局颁布的法律

2016 年 3 月 4 日，国家食品药品监督管理总局发布《食品生产经营日常监督检查管理办法》，其中明确规定日常监督检查法律责任，食品生产经营者撕毁、涂改日常监督检查结果记录表的，由市、县级食药监管部门责令改正，给予警告，并处 2000 元以上 3 万元以下的罚款。该办法共 5 章 36 条，于 2016 年 5 月 1 日起实施。

3. 国家食品药品监督管理总局主要职责

（1）负责起草食品（含食品添加剂、保健食品）安全、药品（含中药、民族药）、医疗器械、化妆品监督管理的法律法规草案，拟订政策规划，制定部门规章，推动建立落实食品安全企业主体责任、地方人民政府负总责的机制，建立食品药品重大信息直报制度，并组织实施和监督检查，着力防范区域性、系统性食品药品安全风险。

（2）负责制定食品行政许可实施办法并监督实施；建立食品安全隐患排查治理机制，制订全国食品安全检查年度计划、重大整顿治理方案并组织落实；负责建立食品安全信息统一公布制度，公布重大食品安全信息；参与制订食品安全风险监测计划、食品安全标准，根据食品安全风险监测计划开展食品安全风险监测工作。

（3）负责组织制定、公布国家药典等药品和医疗器械标准、分类管理制度并监督实施；负责制定药品和医疗器械研制、生产、经营、使用质量管理规范并监督实施；负责药品、医疗器械注册并监督检查；建立药品不良反应、医疗器械不良事件监测体系，并开展监测和处置工作；拟订并完善执业药师资格准入制度，指导监督执业药师注册工作；参与制定国家基本药物目录，配合实施国家基本药物制度；制定化妆品监督管理办法并监督实施。

（4）负责制定食品、药品、医疗器械、化妆品监督管理的稽查制度并组织实施，组织查处重大违法行为；建立问题产品召回和处置制度并监督实施。

（5）负责食品药品安全事故应急体系建设，组织和指导食品药品安全事故应急处置和调查处理工作，监督事故查处落实情况。

（6）负责制订食品药品安全科技发展规划并组织实施，推动食品药品检验检测体系、电子监管追溯体系和信息化建设。

（7）负责开展食品药品安全宣传、教育培训、国际交流与合作，推进诚信体系建设。

（8）指导地方食品药品监督管理工作，规范行政执法行为，完善行政执法与刑事司法衔接机制。

（9）承担国务院食品安全委员会日常工作；负责食品安全监督管理综合协调，推动健全协调联动机制；督促检查省级人民政府履行食品安全监督管理职责并负责考核评价。

（10）承办国务院以及国务院食品安全委员会交办的其他事项。

4. 国家食品药品监督管理总局取消的职责

（1）将药品生产行政许可与药品生产质量管理规范认证两项行政许可逐步整合为一项行政许可。

（2）将药品经营行政许可与药品经营质量管理规范认证两项行政许可逐步整合为一项行政许可。

（3）将化妆品生产行政许可与化妆品卫生行政许可两项行政许可整合为一项行政许可。

（4）取消执业药师的继续教育管理职责，工作由中国执业药师协会承担。

（5）根据《国务院机构改革和职能转变方案》需要取消的其他职责。

5. 国家食品药品监督管理总局下放的职责

（1）将药品、医疗器械质量管理规范认证职责，下放到省级食品药品监督管理部门。

（2）将药品再注册以及不改变药品内在质量的补充申请行政许可职责，下放到省级食品药品监督管理部门。

（3）将国产第三类医疗器械不改变产品内在质量的变更申请行政许可职责，下放到省级食品药品监督管理部门。

（4）将药品委托生产行政许可职责，下放到省级食品药品监督管理部门。

（5）将进口非特殊用途化妆品行政许可职责，下放到省级食品药品监督管理部门。

（6）根据《国务院机构改革和职能转变方案》需要下放的其他职责。

6. 国家食品药品监督管理总局整合的职责

（1）将原卫计委组织制定药品法典的职责，划入国家食品药品监督管理总局。

（2）将原卫计委认定食品安全检验机构资质和制定检验规范的职责，划入国家食品药品监督管理总局。

（3）将国家质量监督检验检疫总局化妆品生产行政许可、强制检验的职责，划入国家食品药品监督管理总局。

（4）将国家质量监督检验检疫总局医疗器械强制性认证的职责，划入国家食品药品监督管理总局并纳入医疗器械注册管理。

（5）整合国家质量监督检验检疫总局、原国家食品药品监督管理局所属食品安全检验检测机构，推进管办分离，实现资源共享，建立法人治理结构，形成统一的食品安全检验检测技术支撑体系。

7. 国家食品药品监督管理总局加强的职责

（1）转变管理理念，创新管理方式，充分发挥市场机制、社会监督和行业自律作用，建立让生产经营者成为食品药品安全第一责任人的有效机制。

（2）加强食品安全制度建设和综合协调，完善药品标准体系、质量管理规范，优化药品注册和有关行政许可管理流程，健全食品药品风险预警机制和对地方的监督检查机制，构建防范区域性、系统性食品药品安全风险的机制。

（3）推进食品药品检验检测机构整合，公平对待提供检验检测服务的社会力量，加大政府购买服务的力度，完善技术支撑保障体系，提高食品药品监督管理的科学化水平。

（4）规范食品药品行政执法行为，完善行政执法与刑事司法有效衔接的机制，加大对食品药品安全违法犯罪行为的依法惩处力度。

8. 国家食品药品监督管理总局内设机构

国家食品药品监督管理总局主要的内设机构及其职责分工如下：

（1）办公厅（应急管理办公室）

主要职责：

①拟订总局机关有关政务工作规章制度并组织实施。

②负责总局党组会议、局务会议、局长办公会议及全国食品药品监督管理工作会议和座谈会的组织服务工作，负责总局机关全国性会议计划的管理。

③拟订总局重大工作计划、工作要点并组织实施。

④承办总局党组和总局领导的秘书工作。

⑤负责总局政务信息、政务值班值守，带头协调总局政务信息化建设和管理工作。

⑥负责重要批示件督办，以及总局党组和总局领导议定、批办事项及其他重大事项政务督查工作。

⑦负责总局机关公文处理和机要文件处理，指导总局直属单位的公文处理工作，组织全国人大代表建议和全国政协委员提案。

⑧负责总局机关保密工作，指导直属单位保密工作。

⑨负责总局机关档案管理、政务公开工作，指导食品药品监督管理系统相关工作。

⑩负责群众来信、来访的处理和接待工作。

⑪组织拟订食品药品安全应急体系的建设规划，推动应急体系建设和应急能力建设。

⑫组织拟订食品药品安全应急管理工作制度并监督实施。

⑬组织编制食品药品安全事故应急预案，指导开展应急培训和演练。

⑭协调指导总局相关业务司局和地方开展重大食品药品安全事故应急处置和调查处理工作（总局各相关业务司局和地方根据职责分别负责食品药品安全事故应急处置和调查处理的具体工作）。

⑮协调建立重大药品不良反应、重大医疗器械不良事件相互通报机制和联合处置机制。

⑯推动食品药品追溯体系和信息化建设。

⑰承担总局网络安全和信息化工作领导小组办公室的日常工作。

⑱承办总局交办的其他事项。

（2）综合司（国务院食品安全办秘书处）

主要职责：

①组织研究食品药品安全监管重大政策，开展食品药品安全形势分析，编撰食品药品安全年度发展报告。

②组织开展食品药品监督管理重大课题研究和专题研究，协调推动完善食品药品监督管理体制机制。

③组织开展对有关部门和省级人民政府履行食品安全监督管理职责的评议考核工作，组织开展对省级食品药品监督管理部门履行药品监督管理职责的评议考核工作，开展对地方政府领导干部的专题培训。

④承担国务院食品安全委员会办公室日常工作，负责国务院食品安全委员会有关会议的组织筹备工作。

⑤承担食品安全监督管理综合协调工作，推动健全部门间、地区间食品安全工作协调联动机制。

⑥组织起草食品药品监督管理综合性文稿、重要会议文件。

⑦承担国务院食品安全委员会专家委员会日常工作，落实食品药品监督管理重大决策专家咨询制度。

⑧承担总局统计办公室工作。

⑨承办总局交办的其他事项。

（3）法制司

主要职责：

①拟订食品药品监督管理立法规划和计划，组织起草食品药品监督管理法律法规及部门规章草案。

②负责总局食品药品监督管理规范性文件的合法性审核工作，对有关部门起草的法律法规、部门规章中涉及食品药品的监督管理事项提出意见。

③指导食品药品监督管理法制建设，组织开展食品药品监督管理执法监督工作。

④拟订食品药品监督管理法制宣传教育规划并组织实施。

⑤组织开展食品药品监督管理法律制度理论研究。

⑥负责有关食品药品监督管理行政复议、行政应诉和听证工作。

⑦承担总局行政审批制度改革领导小组办公室的日常工作，组织开展行政审批制度改革的相关工作。

⑧负责总局行政审批综合服务工作。

⑨承担涉及世界贸易组织的相关工作。

⑩承办总局交办的其他事项。

（4）食品安全监管一司

主要职责：

①分析食品生产加工环节食品安全形势、存在问题，并提出完善制度机制和改进工作的建议。

②拟订生产加工环节食品安全监督管理的规章、制度及技术规范。

③拟订食品生产许可实施办法，指导有关单位和地方加强食品生产许可审查和核查人员管理，督促下级行政机构严格依法实施行政许可。

④指导、监督食品生产加工企业开展检验检测工作，配合相关部门组织开展食品监督管理的科研工作。

⑤拟订不安全食品召回制度，指导地方相关工作。

⑥指导地方推进食品生产者诚信自律体系建设。

⑦督促地方开展生产加工环节食品安全监督管理，履行监督管理职责，及时发现、纠正违法和不当行为。

⑧承办总局交办的其他事项。

（5）食品安全监管二司

主要职责：

①分析流通和餐饮消费环节食品安全形势、存在问题，并提出完善制度机制和改进工作的建议。

②拟订流通和餐饮消费环节食品安全监督管理的制度、措施并督促落实。

③规范流通和餐饮消费许可管理，督促下级行政机关严格依法实施行政许可。

④指导下级行政机关开展流通和餐饮消费环节的食品监督抽检工作。

⑤指导下级行政机关对进入批发、零售市场的食用农产品进行监督管理，组织协调、建立与农业部门的衔接处置机制。

⑥拟订不符合食品安全标准食品停止经营的管理制度，指导、督促地方相关工作。

⑦指导地方推进食品经营者诚信自律体系建设。

⑧督促下级行政机关开展流通和餐饮消费环节食品安全日常监督管理，履行监督管理责任，及时发现、纠正违法和不当行为。

⑨承办总局交办的其他事项。

（6）食品安全监管三司

主要职责：

①开展食品安全总体状况分析和形势研判工作，编制食品安全总体状况报告。

②拟订食品安全风险监测工作制度和技术规范，参与拟订国家食品安全风险监测计划，组织开展食品安全风险监测，通报监测结果并依法处置相关问题。

③开展食品安全风险预警和风险交流。

④组织协调、建立与农业、卫生计生、质检等部门有关食品、食品相关产品和进出口食品的安全信息衔接机制。

⑤承担与国家卫生和计划生育委员会有关食品安全风险评估的衔接工作。

⑥承担食品安全统计工作，编制食品安全统计年鉴。

⑦组织开展食品安全统计、风险监测、风险预警和交流领域的项目研究。

⑧指导下级行政机关开展食品监督抽检工作，组织开展全国食品监督抽检。

⑨承办总局交办的其他事项。

（7）特殊食品注册管理司

主要职责：

①研究拟订保健食品、婴幼儿配方乳粉产品、特殊医学用途配方食品等特殊食品（以下简称特殊食品）的注册管理制度并组织监督实施。

②研究拟订特殊食品注册管理技术规范并组织实施。

③研究拟订特殊食品注册审评、注册检验、功能评价、现场核查等工作规范。

④承担特殊食品注册行政审批和备案管理工作。

⑤组织开展与特殊食品注册行政审批、备案管理相关的检查、督导工作。

⑥配合相关司局开展特殊食品管理国际交流、生产经营许可、监督管理、稽查办案等工作。

⑦承办总局交办的其他事项。

（8）药品化妆品注册管理司（中药民族药监管司）

主要职责：

①组织拟订药品化妆品注册管理制度并监督实施。

②组织拟订药品化妆品相关标准并监督实施。

③严格依照法律法规规定的条件和程序办理药品注册和部分化妆品行政许可、医疗机构配制的制剂调剂跨省审批并承担相应责任，优化注册和行政许可管理流程。

④组织拟订药品化妆品注册相关技术指导原则。

⑤承担疫苗监管质量管理体系评估、药品行政保护相关工作。

⑥组织实施中药品种保护制度。

⑦承担处方药与非处方药的转换和注册工作，监督实施药物非临床研究质量管理规范和药物临床试验质量管理规范，组织拟订中药饮片炮制规范。

⑧指导、督促药品化妆品注册工作中的受理、审评、检验、检查、备案等工作。

⑨督促下级行政机关严格依法实施药品再注册以及不改变药品内在质量的补充申请、医疗机构配制制剂、部分化妆品许可等相关行政许可工作，履行监督管理责任，及时发现、纠正违法和不当行为。

⑩承担麻醉药品、精神药品、医疗用毒性药品、放射性药品和药品类易制毒化学品等相关行政许可工作。

⑪承办总局交办的其他事项。

（9）医疗器械注册管理司

主要职责：

①组织拟订医疗器械注册管理制度并监督实施。

②组织拟订医疗器械标准、分类规则、命名规则和编码规则。

③严格依照法律法规规定的条件和程序办理境内第三类、进口医疗器械产品注册、高风险医疗器械临床试验审批并承担相应责任，优化注册管理流程，组织

实施分类管理。

④组织开展医疗器械临床试验机构资质认定，监督实施医疗器械临床试验质量管理规范，监督检查临床试验活动。

⑤指导、督促医疗器械注册工作相关的受理、审评、检测、检查、备案等工作。

⑥拟订医疗器械注册许可工作规范及技术支撑能力建设要求并监督实施。督促下级行政机关严格依法实施第一、第二类医疗器械产品注册及境内第三类医疗器械不改变产品内在质量的变更申请许可等工作，履行监督管理责任，及时发现、纠正违法和不当行为。

⑦承办总局交办的其他事项。

（10）药品化妆品监管司

主要职责：

①分析药品化妆品安全形势、存在问题，并提出完善制度机制和改进工作的建议。

②组织拟订药品化妆品生产、经营、使用管理制度并监督实施，组织拟订中药材生产和药品生产、经营、使用质量管理规范并监督实施。

③组织开展对药品化妆品生产、经营企业的监督检查，组织开展药品不良反应监测和再评价、化妆品不良反应监测、监督抽验及安全风险评估，对发现的问题及时采取处理措施。

④拟订境外药品生产企业检查等管理制度并监督实施。

⑤参与拟订国家基本药物目录，监督实施药品分类管理。

⑥承担麻醉药品、精神药品、医疗用毒性药品、放射性药品及药品类易制毒化学品等监督管理工作。

⑦拟订问题药品化妆品召回和处置制度，指导地方相关工作。

⑧拟订药品化妆品监督管理工作规范及技术支撑能力建设要求，督促下级行政机关严格依法实施行政许可，履行监督管理责任，及时发现、纠正违法和不当行为。

⑨承担总局深化医药卫生体制改革相关工作。

⑩承担国家禁毒委员会成员单位相关工作，承办履行国际药物管制公约相关事项，承担有关药品出口监督管理事项。

⑪不再承担以上划转到药品化妆品注册管理司、科技和标准司的职责任务。

⑫承办总局交办的其他事项。

（11）医疗器械监管司

主要职责：

①分析医疗器械安全形势、存在的问题并提出完善制度机制和改进工作的建议。

②组织拟订医疗器械生产、经营、使用管理制度并监督实施，组织拟订医疗器械生产、经营、使用质量管理规范并监督实施，拟订医疗器械互联网销售监督管理制度并监督实施。

③组织开展对医疗器械生产经营企业和使用环节的监督检查，组织开展医疗器械不良事件监测和再评价、监督抽验及安全风险评估，对发现的问题及时采取处理措施。

④拟订境外医疗器械生产企业检查等管理制度并监督实施，组织开展有关医疗器械产品出口监督管理事项。

⑤拟订问题医疗器械召回和处置制度，指导、督促地方相关工作。

⑥拟订医疗器械监督管理工作规范及技术支撑能力建设要求，督促下级行政机关严格依法实施行政许可，履行监督管理责任，及时发现、纠正违法和不当行为。

⑦承办总局交办的其他事项。

（12）稽查局

主要职责：

①组织拟订食品药品稽查工作制度并监督实施。

②协调指导食品药品安全投诉举报工作。

③指导监督地方稽查工作，规范行政执法行为。

④建立和完善食品药品安全"黑名单"制度。

⑤建立健全食品药品监督管理行政执法与刑事司法衔接制度。

⑥组织查处重大食品药品安全违法案件，组织开展相关的执法检验。

⑦拟订药品、医疗器械、保健食品广告审查制度并监督实施。

⑧承担打击生产销售假药部际协调联席会议办公室日常工作。

⑨承担打击侵犯知识产权和假冒伪劣商品的相关工作。

⑩承办总局交办的其他事项。

（13）科技和标准司

主要职责：

①组织拟订食品药品监督管理科研规划和计划，推动科技创新体系建设，承担相关科技基础条件建设工作。

②组织实施食品药品监督管理重大科技项目，组织引进国外相关先进技术，

指导科研、管理与生产经营单位技术协作，促进科技成果转化。

③推动食品药品检验检测体系建设，拟订食品药品检验检测机构资质认定条件和检验规范并监督实施。

④建立完善的有关药品、化妆品、医疗器械标准管理的相关制度和工作机制。

⑤组织拟订药用辅料、直接接触药品的包装材料和容器产品目录、药用要求、标准的管理规范。

⑥参与拟订食品安全标准。

⑦指导地方科技和标准管理工作。

⑧拟订互联网药品交易服务企业管理制度并监督实施，承担互联网药品交易服务企业有关行政审批工作。

⑨承办总局交办的其他事项。

（14）新闻宣传司

主要职责：

①组织宣传食品药品安全方面的法律法规、方针政策，解读食品药品监督管理制度、措施。

②拟订食品药品安全信息统一公布制度，发布食品药品安全信息。

③拟订总局新闻宣传工作规章制度，规范和协调总局机关新闻宣传工作，指导总局直属单位新闻宣传工作。

④拟订食品药品安全新闻宣传的年度、季度和专题报道计划并组织实施。

⑤负责总局重要会议、重大活动的宣传报道和新闻发布会的管理及组织工作，协调新闻单位相关事项。

⑥建立和完善食品药品安全舆论引导机制、科普宣传工作机制，组织开展食品药品安全重大主题宣传活动。

⑦负责食品药品监督管理系统报刊、图书、影视、音像等宣传业务管理工作。

⑧组织推进食品药品监督管理有关的诚信体系建设。

⑨承担食品药品安全信息收集和舆情监测等工作。

⑩组织开展食品药品安全舆情和重大事故案例分析和评估，总结、分析风险趋势，提出对策建议。

⑪承办总局交办的其他事项。

另有人事司、规划财务司、国际合作司（港澳台办公室）和离退休干部局等非业务机构，辅助国家食品药品监督管理总局的相关工作。

5.1.4 国家市场监督管理总局阶段

1. 国家市场监督管理总局成立

根据第十三届全国人民代表大会第一次会议批准的国务院机构改革方案，2018 年 3 月，不再保留国家食品药品监督管理总局，整合国家食品药品监督管理总局的职责，组建中华人民共和国国家市场监督管理总局。

2. 国家市场监督管理总局具体职责

国家市场监督管理总局贯彻落实党中央关于市场监督管理工作的方针政策和决策部署，在履行职责过程中坚持和加强党对市场监督管理工作的集中统一领导，其主要职责如下。

（1）负责市场综合监督管理。起草市场监督管理有关法律法规草案，制定有关规章、政策、标准，组织实施质量强国战略、食品安全战略和标准化战略，拟订并组织实施有关规划，规范和维护市场秩序，营造诚实守信、公平竞争的市场环境。

（2）负责市场主体统一登记注册。指导各类企业、农民专业合作社和从事经营活动的单位、个体工商户以及外国（地区）企业常驻代表机构等市场主体的登记注册工作；建立市场主体信息公示和共享机制，依法公示和共享有关信息，加强信用监管，推动市场主体信用体系建设。

（3）负责组织和指导市场监管综合执法工作。指导地方市场监管综合执法队伍整合和建设，推动实行统一的市场监管；组织查处重大违法案件；规范市场监管行政执法行为。

（4）负责反垄断统一执法。统筹推进竞争政策实施，指导实施公平竞争审查制度。依法对经营者的集中行为进行反垄断审查，负责排除垄断协议、滥用市场支配地位和滥用行政权力的行为、限制竞争等反垄断执法工作；指导企业在国外的反垄断应诉工作；承担国务院反垄断委员会日常工作。

（5）负责监督、管理市场秩序。依法监督管理市场交易、网络商品交易及有关服务的行为。组织指导查处价格收费违法违规、不正当竞争、违法直销、传销、侵犯商标专利知识产权和制售假冒伪劣行为；指导广告业发展，监督管理广告活动；指导查处无照生产经营和相关无证生产经营行为；指导中国消费者协会开展消费维权工作。

（6）负责宏观质量管理。拟订并实施质量发展的制度措施；统筹国家质量基础设施建设与应用，会同有关部门组织实施重大工程设备质量监理制度，组织重大质量事故调查，建立并统一实施缺陷产品召回制度，监督管理产品防伪工作。

（7）负责产品质量安全监督管理。管理产品质量安全风险监控、国家监督抽查工作；建立并组织实施质量分级制度、质量安全追溯制度；指导工业产品生产许可管理；负责产品质量监督工作。

（8）负责特种设备安全监督管理。综合管理特种设备安全监察、监督工作，监督检查高耗能特种设备节能标准和锅炉环境保护标准的执行情况。

（9）负责食品安全监督管理综合协调。组织制定食品安全重大政策并组织实施；负责食品安全应急体系建设，组织指导重大食品安全事件应急处置和调查处理工作；建立健全食品安全重要信息直报制度；承担国务院食品安全委员会日常工作。

（10）负责食品安全监督管理。建立覆盖食品生产、流通、消费全过程的监督检查制度和隐患排查治理机制并组织实施，防范区域性、系统性食品安全风险；推动建立食品生产经营者落实主体责任机制，健全食品安全追溯体系；组织开展食品安全监督抽检、风险监测、核查处置和风险预警、风险交流工作；组织实施特殊食品注册、备案和监督管理工作。

（11）负责统一管理计量工作。推行法定计量单位和国家计量制度，管理计量器具及量值传递和比对工作；规范、监督商品计量和市场计量行为。

（12）负责统一管理标准化工作。依法承担强制性国家标准的立项、编号、对外通报和授权批准发布工作；制定推荐性国家标准；依法协调指导和监督行业标准、地方标准、团体标准制定工作；组织开展标准化国际合作并参与制定、采用国际标准工作。

（13）负责统一管理检验检测工作。推进检验检测机构改革，规范检验检测市场，完善检验检测体系，指导、协调检验检测行业发展。

（14）负责统一管理、监督和综合协调全国认证认可工作。建立并组织实施国家统一的认证认可和合格评定监督管理制度。

（15）负责市场监督管理科技和信息化建设、新闻宣传、国际交流与合作。按规定承担技术性贸易措施有关工作。

（16）管理国家药品监督管理局、国家知识产权局。

（17）完成党中央、国务院交办的其他任务。

3. 国家市场监督管理总局与其他部门的相关职责分工

国家市场监督管理总局与其他部门的相关职责分工，具体如下：

（1）与公安部的有关职责分工。国家市场监督管理总局与公安部建立行政执法和刑事司法工作衔接机制。市场监督管理部门发现违法行为涉嫌犯罪的，应当按照有关规定及时移送公安机关，公安机关应当迅速进行审查，并依法作出立案或者不予立案的决定。公安机关依法提请市场监督管理部门作出检验、鉴定、认定等协助的，市场监督管理部门应当予以协助。

（2）与农业农村部的有关职责分工。农业农村部负责食用农产品从种植养殖环节到进入批发、零售市场或者生产加工企业前的质量安全监督管理工作。食用农产品进入批发、零售市场或者生产加工企业后，由国家市场监督管理总局监督管理。农业农村部负责动植物疫病防控环节、畜禽屠宰环节、生鲜乳收购环节质量安全的监督管理工作。两部门要建立食品安全产地准出、市场准入和追溯机制，加强协调配合和工作衔接，形成监管合力。

（3）与国家卫生健康委员会的有关职责分工。国家卫生健康委员会负责食品安全风险评估工作，会同国家市场监督管理总局等部门制定、实施食品安全风险监测计划。国家卫生健康委员会对通过食品安全风险监测或者接到举报发现食品可能存在安全隐患的，应当立即组织进行检验和食品安全风险评估，并及时向国家市场监督管理总局通报食品安全风险评估结果，对于得出不安全结论的食品，国家市场监督管理总局应当立即采取措施。国家市场监督管理总局在监督管理工作中发现需要进行食品安全风险评估的，应当及时向国家卫生健康委员会提出建议。

（4）与海关总署的有关职责分工。两部门要建立机制，避免对各类进出口商品和进出口食品、化妆品进行重复检验、重复收费、重复处罚，减轻企业负担。海关总署负责进口食品安全监督管理工作。进口的食品以及相关产品应当符合我国食品安全国家标准。境外发生的食品安全事件可能对我国境内造成影响，或者在进口食品中发现严重食品安全问题的，海关总署应当及时采取风险预警或者控制措施，并向国家市场监督管理总局通报，国家市场监督管理总局应当及时采取相应措施。两部门要建立进口产品缺陷信息通报和协作机制。海关总署在口岸检验监管中发现不合格或存在安全隐患的进口产品，应当依法实施技术处理、退运、销毁，并向国家市场监督管理总局通报。国家市场监督管理总局统一管理缺陷产品召回工作，通过消费者报告、事故调查、伤害监测等获知进口产品存在缺陷的，应当依法实施召回措施；对拒不履行召回义务的，国家市场监督管理总局应向海关总署通报，由海关总署依法采取相应措施。

（5）与国家药品监督管理局的有关职责分工。国家药品监督管理局负责制定药品、医疗器械和化妆品监管制度，负责药品、医疗器械和化妆品研制环节的许可、检查和处罚工作。省级药品监督管理部门负责药品、医疗器械、化妆品生产环节的许可、检查和处罚工作，以及药品批发许可、零售连锁总部许可、互联网销售第三方平台备案及检查和处罚工作。市、县两级市场监督管理部门负责药品零售、医疗器械经营的许可、检查和处罚工作，以及化妆品经营和药品、医疗器械使用环节质量的检查和处罚工作。

（6）与国家知识产权局的有关职责分工。国家知识产权局负责对商标专利执法工作的业务指导工作，制定并指导实施商标权、专利权确权和侵权判断标准，制定商标专利执法的检验、鉴定和其他相关标准，建立机制，做好政策标准衔接和信息通报等工作。国家市场监督管理总局负责组织指导商标专利执法工作。

5.1.5 国家市场监督管理总局的科技创新工作分析

1. 创新总体目标分析

到 2020 年，国家市场监督管理总局将初步建立基于风险分析和供应链管理的食品安全监管体系。农产品和食品抽检量达到 4 批次/千人，主要农产品质量安全监测总体合格率稳定在 97％以上，食品抽检合格率稳定在 98％以上，区域性、系统性重大食品安全风险基本得到控制，公众对食品安全的信任感、满意度进一步提高，食品安全整体水平与全面建成小康社会目标基本相适应。

到 2035 年，国家市场监督管理总局将基本实现食品安全领域国家治理体系和治理能力现代化。食品安全标准水平进入世界前列，产地环境污染得到有效治理，生产经营者责任意识、诚信意识和食品质量安全管理水平明显提高，经济利益驱动型食品安全违法犯罪明显减少。食品安全风险管控能力达到国际先进水平，"从农田到餐桌"全过程监管体系运行有效，食品安全状况根本好转，人民群众吃得健康、吃得放心。

2. 国家市场监督管理总局的标准体制创新

（1）加快制（修）订标准。立足国情，对接国际，加快制（修）订农药残留、兽药残留、重金属残留、食品污染物残留、致病性微生物残留等食品安全通用标准，农药兽药残留限量指标基本与国际食品法典标准接轨；加快制（修）订产业发展和监管急需的食品安全基础标准、产品标准、配套检验方法标准；完善食品添加剂、食品相关产品等标准制定；及时修订、完善食品标签等标准。

（2）创新标准工作机制。借鉴和转化国际食品安全标准，简化优化食品安全国家标准制（修）订流程，加快制（修）订进度；完善食品中有害物质的临时限量值制定机制；建立企业标准公开承诺制度，完善配套管理制度，鼓励企业制定实施严于国家标准或地方标准的企业标准；支持各方参与食品安全国家标准制（修）订，积极参与国际食品法典标准制定，积极参与国际新兴危害因素的评估分析与管理决策。

（3）强化标准实施。加大食品安全标准解释、宣传贯彻和培训力度，督促食品生产经营者准确理解和应用食品安全标准，维护食品安全标准的强制性。对食品安全标准的使用进行跟踪评价，充分发挥食品安全标准保障食品安全、促进产业发展的基础作用。

3. 国家市场监督管理总局的质量体制的创新

（1）严把产地环境安全关。实施耕地土壤环境治理保护重大工程；强化土壤污染管控和修复，开展重点地区涉重金属行业土壤污染风险排查和整治；强化大气污染治理，加大重点行业挥发性有机物治理力度；加强流域水污染防治工作。

（2）严把农业投入品生产使用关。严格执行农药兽药、饲料添加剂等农业投入品生产和使用规定，严禁使用国家明令禁止的农业投入品，严格落实定点经营和实名购买制度；将高毒农药禁用范围逐步扩大到所有食用农产品；落实农业生产经营记录制度、农业投入品使用记录制度，指导农户严格执行农药安全间隔期、兽药休药期有关规定，防范农药兽药残留超标。

（3）严把粮食收储质量安全关。做好粮食收购企业资格审核管理工作，督促企业严格落实出入厂（库）和库存质量检验制度，积极探索建立质量追溯制度，加强烘干、存储和检验监测能力建设，为农户提供粮食烘干存储服务，防止粮食发霉变质受损；健全超标粮食收购处置长效机制，推进无害化处理和资源合理化利用，严禁不符合食品安全标准的粮食流入口粮市场和食品生产企业。

（4）严把食品加工质量安全关。实行生产企业食品安全风险分级管理，在日常监督检查全覆盖基础上，对一般风险企业实施按比例"双随机"抽查，对高风险企业实施重点检查，对问题线索企业实施飞行检查，督促企业生产过程持续合规；加强保健食品等特殊食品监管；将安全检查从婴幼儿配方乳粉逐步扩大到高风险大宗消费食品，着力解决生产过程不合规、非法添加、超范围超限量使用食品添加剂等问题。

（5）严把流通销售质量安全关。建立覆盖基地贮藏、物流配送、市场批发、销售终端全链条的冷链配送系统，严格执行全过程温控标准和规范，落实食品运输在途监管责任，鼓励使用温控标签，防止食物脱冷变质；督促企业严格执行进货查验记录制度和保质期标识等规定，严查临期、过期食品翻新销售；严格执行畜禽屠宰检验检疫制度；加强食品集中交易市场监管，强化农产品产地准出和市场准入衔接。

（6）严把餐饮服务质量安全关。全面落实餐饮服务食品安全操作规范，严格执行进货查验、加工操作、清洗消毒、人员管理等规定；集体用餐单位要建立稳定的食材供应渠道和追溯记录，保证购进原料符合食品安全标准；严格落实网络订餐平台责任，保证线上线下餐饮同标同质，保证一次性餐具制品质量安全，所有提供网上订餐服务的餐饮单位都必须有实体店经营资格。

4. 国家市场监督管理总局的法律创新

（1）完善法律法规。研究修订食品安全法及其配套法规制度，修订、完善刑法中危害食品安全罪的刑罚规定，加快修订农产品质量安全法，研究制定粮食安全保障法，推动农产品追溯入法；加快完善食品安全刑事案件的司法解释，推动危害食品安全的制假售假行为"直接入刑"；推动建立食品安全司法鉴定制度，明确证据衔接规则、涉案食品检验认定与处置协作配合机制、检验认定时限和费用等有关规定；加快完善食品安全民事纠纷案件司法解释，依法严肃追究故意违法者的民事赔偿责任。

（2）严厉打击违法犯罪。落实"处罚到人"要求，综合运用各种法律手段，对违法企业及其法定代表人、实际控制人、主要负责人等直接负责的主管人员和其他直接责任人员进行严厉处罚，大幅提高违法成本，实行食品行业从业禁止、终身禁业，对再犯从严从重进行处罚；严厉打击刑事犯罪，对情节严重、影响恶劣的危害食品安全刑事案件依法从重判罚；加强行政执法与刑事司法衔接（简称"行刑衔接"），行政执法机关发现涉嫌犯罪、依法需要追究刑事责任的，依据行刑衔接有关规定及时移送公安机关，同时抄送检察机关；发现涉嫌职务犯罪线索的，及时移送监察机关；积极完善食品安全民事和行政公益诉讼，做好与民事和行政诉讼的衔接与配合，探索建立食品安全民事公益诉讼惩罚性赔偿制度。

（3）加强基层综合执法。深化综合执法改革，加强基层综合执法队伍和能力建设，确保有足够资源履行食品安全监管职责；县级市场监管部门及其在乡镇（街道）的派出机构，要以食品安全为首要职责，执法力量向一线岗位倾斜，完善工作流程，提高执法效率；农业综合执法要把保障农产品质量安全作为重点任务；加强执法力量和装备配备，确保执法监管工作落实到位；公安、农业农村、市场监管等部门要落实重大案件联合督办制度，按照国家有关规定，对贡献突出的单位和个人进行表彰奖励。

（4）强化信用联合惩戒。推进食品工业企业诚信体系建设；建立全国统一的食品生产经营企业信用档案，纳入全国信用信息共享平台和国家企业信用信息公示系统；实行食品生产经营企业信用分级分类管理；进一步完善食品安全严重失信者名单认定机制，加大对失信人员的联合惩戒力度。

5. 国家市场监督管理总局的问责体制创新

（1）明确监管事权。各省、自治区、直辖市政府要结合实际，依法依规制定食品安全监管事权清单，压实各职能部门在食品安全工作中的行业管理责任。对产品风险高、影响区域广的生产企业，要进行监督检查，对重大复杂案件查处和跨区域执法，原则上由省级监管部门负责组织和协调，市、县两级监管部门配合，也可实行委托监管、指定监管、派驻监管等制度，确保监管到位。市、县两级原则上承担辖区内直接面向市场主体、直接面向消费者的食品生产经营监管和执法事项，保护消费者合法权益。上级监管部门要加强对下级监管部门的监督管理。

（2）加强评议考核。完善对地方党委和政府食品安全工作的评议考核制度，将食品安全工作考核结果作为党政领导班子和领导干部综合考核评价的重要内容，作为干部奖惩和使用、调整的重要参考。对考核达不到要求的，约谈地方党政主要负责人，并督促限期整改。

（3）严格责任追究。依照监管事权清单，尽职照单免责，失职照单问责。对贯彻落实党中央、国务院有关食品安全工作决策部署不力、履行职责不力、给国家和人民利益造成严重损害的，依规依纪依法追究相关领导责任。对监管工作中失职失责、不作为、乱作为、慢作为、假作为的，依规依纪依法追究相关人员责任；涉嫌犯罪的，依法追究刑事责任。对参与、包庇、放纵危害食品安全违法犯罪行为，弄虚作假，干扰责任调查，帮助伪造、隐匿、毁灭证据的，依法从重追究法律责任。

6. 推动食品产业高质量发展的科技规制

（1）改革许可认证制度。坚持"放管服"相结合，减少制度性交易成本；推进农产品认证制度改革，加快建立食用农产品合格证制度；深化食品生产经营许可改革，优化许可程序，实现全程电子化；推进保健食品注册与备案双轨运行，探索对食品添加剂经营实行备案管理；制定、完善食品新业态、新模式监管制度；利用现有相关信息系统，实现全国范围内食品生产经营许可信息可查询。

（2）实施质量兴农计划。以乡村振兴战略为引领，以优质安全、绿色发展为目标，推动农业由增产导向转向提质导向；全面推行良好农业规范；创建农业标准化示范区；实施农业品牌提升行动；培育新型农业生产服务主体，推广面向适度规模经营主体特别是小农户的病虫害统防统治专业化服务，逐步减少自行使用农药兽药的农户。

（3）推动食品产业转型升级。调整、优化食品产业布局，鼓励企业获得认证认可，实施增品种、提品质、创品牌行动；引导食品企业延伸产业链条，建立优质原料生产基地及配套设施，加强与电商平台的深度融合，打造有影响力的百年品牌；大力发展专业化、规模化冷链物流企业，保障生鲜食品流通环节质量安全。

（4）加大科技支撑力度。将食品安全纳入国家科技计划，加强食品安全领域的科技创新，引导食品企业加大科研投入，完善科技成果转化应用机制；建设一批国际一流的食品安全技术支撑机构和重点实验室，加快引进、培养高层次人才和高水平创新团队，重点突破"卡脖子"关键技术；依托国家级专业技术机构，开展基础科学和前沿科学研究，提高食品安全风险发现和防范能力。

7. 国家市场监督管理总局的规制能力创新

（1）加强协调配合。完善统一领导、分工负责、分级管理的食品安全监管体制，地方各级党委和政府对本地区食品安全工作负总责；相关职能部门要各司其职、齐抓共管，健全工作协调联动机制，加强跨地区协作配合，发现问题迅速处置，并及时通报上游查明原因、下游控制危害；在城市社区和农村建立专（兼）职食品安全信息员（协管员）队伍，充分发挥群众监督作用。

（2）提高监管队伍专业化水平。强化培训和考核，依托现有资源加强职业化检查队伍建设，提高检查人员专业技能，及时发现和处置风险隐患；完善专业院校课程设置，加强食品学科建设和人才培养；加大公安机关打击食品安全犯罪专业力量、专业装备建设力度。

（3）加强技术支撑能力建设。推进国家级、省级食品安全专业技术机构能力建设，提升食品安全标准、监测、评估、监管、应急等工作水平；根据标准分类加快建设 7 个食品安全风险评估与标准研制重点实验室；健全以国家级检验机构为龙头，省级检验机构为骨干，市、县两级检验机构为基础的食品和农产品质量安全检验检测体系，打造国际一流的国家检验检测平台，落实各级食品和农产品检验机构能力和装备配备标准；严格检验机构资质认定管理、跟踪评价和能力验证，发展社会检验力量。

（4）推进"互联网＋食品"监管。建立基于大数据分析的食品安全信息平台，推进大数据、云计算、物联网、人工智能、区块链等技术在食品安全监管领域的应用，实施智慧监管，逐步实现食品安全违法犯罪线索网上排查汇聚和案件网上移送、网上受理、网上监督，提升监管工作信息化水平。

（5）完善问题导向的抽检监测机制。国家、省、市、县抽检事权四级统筹、各有侧重、不重不漏，统一制定计划，统一组织实施，统一数据报送，统一结果利用，力争抽检样品覆盖所有农产品和食品企业、品种、项目；逐步将监督抽检、风险监测与评价性抽检分离，提高监管的靶向性；完善抽检监测信息通报机制，依法及时公开抽检信息，加强不合格产品的核查处置，控制产品风险。

（6）强化突发事件应急处置。修订国家食品安全事故应急预案，完善事故调查、处置、报告、信息发布工作程序；完善食品安全事件预警监测、组织指挥、应急保障、信息报告制度和工作体系，提升应急响应、现场处置、医疗救治能力；加强舆情监测，建立重大舆情收集、分析研判和快速响应机制。

5.2 完善食品安全风险评估为核心的科技创新

5.2.1 食品安全科技创新必须以风险评估为核心

1. 食品安全科技创新必须以预防为基础

从上文发达国家食品安全规制体制研究中可以看出，美国食品安全科技创新就是以预防作为整个体制的基石的。因此，我们可以得出以下两个结论：

（1）预防食品安全事件的发生比事件发生后的善后处理和补救更为重要。一个好的科技创新体制是能够将风险控制于无形，将重大安全事故扼杀于萌芽的，如果等到发生时才去解决问题，损失是巨大的，因此，做好风险控制是建立健全我国食品安全体制的基础。

（2）风险控制型的科技创新体制是发达国家所共同推崇和实践的。食品安全事件发生的根本原因在于规制机构对于食品生产和销售等行为过程中的风险意识不足，放任该风险发生，没有发出预警，更没有进行食品的召回，最终导致食品安全事件的发生，甚至愈演愈烈。因此，风险控制是食品安全规制的核心，而食品安全科技创新的核心当然也是食品安全风险控制。

2. 食品安全风险评估工作需要多体系配合

（1）要有强大的数据支持做科技创新的基础。在大数据时代，食品安全风险评估工作需要构建完善的信息体制，获取食品生产和消费的全部信息，把握这些信息从而发现风险评估的关键点，才能进行风险评估工作。

（2）一旦发现了食品危机需要马上发出预警。预警体制的建立是避免食品安全事件的根本保障，因此，防患于未然的食品安全科技创新需要对预警体制进行创新。

（3）如果食品安全事件已经发生，就必须马上召回产品。如果之前的努力没能阻止不合格食品的生产，并已经进入流通领域，那么，不合格食品的召回就是食品安全的最后一道屏障，因此，需要对召回体制进行创新。

5.2.2 食品安全信息网络科技创新

通过对美国、日本、韩国的食品安全监管体制进行研究，我们可以发现，信息的透明度和公开度是重点。因此，尽快建立协调统一的食品安全信息获取、检测、通报和发布的网络运行体制，是保证食品安全规制工作顺利实施的重要前提之一。

鉴于食品市场存在严重的信息不对称现象，政府通过制定有效的信息制度让消费者以较低的成本获得关于食品安全的有效信息，无疑能在一定程度上缓解食品市场上的信息不对称问题。

1. 完善食品包装标识规制

（1）食品包装要反映食品特性。许多消费者购买食品时，是以食品包装标识所介绍的内容作为重要信息源的。这就要求国家对食品包装标识实行规制，促使食品包装标识内容真实、充分反映食品特性。

（2）食品包装要有相关信息。根据我国的有关法律法规，定型包装食品和食品添加剂，必须在包装标识或者产品说明书上根据不同产品类别分别按照规定标出品名、产地、厂名、生产日期、批号或者代号规格、配方或者主要成分、保质期限、食用或者使用方法等。

（3）食品包装不得含有虚假成分。食品、食品添加剂的产品说明书，不得有夸大或者虚假的宣传内容。同时，食品包装标识必须清楚、容易辨识。食品的安全标签也可作为与食品安全相联系的信息。

2. 完善食品广告规制

广告是企业向消费者传递信息的一种最为普遍的方式。对于垄断竞争的食品市场而言，在电视、广播等媒体中发布广告是企业追求利润最大化的战略之一。

（1）食品具有搜寻品和经验品的特点。对于搜寻品，广告主要提供食品的价格、质量等信息；而经验品的广告主要是劝说、鼓励消费者立即购买，并在以后根据使用产品的经验做出质量判断。

（2）因为大多数广告涉及经验品，所以劝说性广告往往比提供信息的广告更多。显然，如果广告仅仅是提供关于食品的准确信息，则政府没有必要对广告进行规制。但是，不少食品生产企业在利益的驱动下，为劝说消费者购买其生产经营的食品，往往会掩盖其食品的安全隐患。

（3）为使广告真实地反映食品安全信息，各国政府对广告都有严格的规制。例如，美国最早的广告法案是 1911 年通过的《普令泰因克广告法案》，该法案规定，对做虚假广告者治以轻罪，并处以罚金。随后美国在相关的法规中都对广告活动做了明确规定，把各种形式的虚假广告纳入禁止和制裁之列。1994 年，我国正式颁布了《中华人民共和国广告法》，另外，还通过颁布一系列法规对广告行为进行规制，这在很大程度上确保了食品广告的真实性、合法性、科学性和准确性。

3. 及时向消费者发布关于食品安全的信息

（1）信息工作的主体应该是政府。由于缺乏专业知识和技术手段，消费者获取食品安全信息的成本很高。针对这种情况，政府应承担食品安全信息的收集、管理和发布等工作，保证消费者的知情权。政府通过在全社会定期或不定期公布食品安全监测信息，能使消费者及时、准确地获得食品安全信息，缓解食品市场上的信息不对称问题。

（2）政府应建立一个信息披露体系。鉴于食品安全的信息不对称问题，政府应建立一个信息披露体系，通过多种媒体向消费者通报食品市场所销售的食品状况，在对伪劣食品信息进行披露的同时，公布优秀食品生产经营者名录，推荐优质产品。

（3）形成优胜劣汰机制。政府通过向消费者提供足够的信息，使得正规企业的良好行为进一步得到市场认可，逐步形成优胜劣汰的机制。可以说，建立统一协调的食品安全信息监测、通报和发布的网络运行体系，是保证食品安全工作有序、顺利进行的必要条件。

4. 建立食品安全信息可追溯系统

（1）欧盟为应对疯牛病问题，于 1997 年开始逐步建立食品安全信息可追溯系统。按照欧盟《食品法》的规定，食品、饲料、供食品制造用的家畜，以及与食品、饲料制造相关的物品，在生产、加工、流通各个阶段必须建立食品信息可追溯系统。

（2）可追溯系统作为食品安全风险控制管理的有效手段越来越受到各国的关注，继欧盟以后，加拿大和美国等国家也相应地建立了比较完善的信息跟踪系统，日本、新西兰等国都在大力推广这一系统，我国也不例外。

5. 加强食品安全信息的国际合作

食品安全问题是一个全球性的问题，没有良好的国际合作，食品安全信息无法在各国之间传播，进行食品安全控制就非常困难。

（1）当发生突发性风险时，美国通过国际组织（如世界卫生组织、联合国粮农组织、国际兽医局和世界贸易组织）构成的全球信息共享机制，能使其他国家和地区立即获知信息。

（2）欧盟的《食品安全白皮书》要求，在发生食品安全事故时，必须扩大与第三方国家的信息沟通。在全球化的背景下，建立并完善高效的食品安全信息体系，对于我国食品安全规制十分必要。

6. 信息收集与沟通渠道不畅

及时有效的风险交流可以充分地发挥食品安全规制的作用。因此，一个完善的风险信息交流体系有利于消费者及时了解相关信息，树立食品安全风险意识。然而，因为我国的食品安全风险交流体系还处于建设的起步阶段，所以仍然存在着很多问题。

（1）食品安全的风险信息交流不够频繁。从法律法规的角度看，我国政府所颁布的《中华人民共和国食品安全法》对食品安全风险信息交流不够重视，相关的食品安全风险信息交流很少。政府在食品安全风险信息交流上只负责发布相关信息，并没有与相关利益方进行有效的交流。

（2）食品安全信息交流不对称。因为食品安全信息交流不对称和沟通渠道不顺畅的问题没有得到及时解决，所以在实施环节上，在政府和科研机构的专业评估与公众的风险感知之间存在真空地带，导致公众对食品安全问题担心过度，甚至会引起公众的恐慌，食品安全的经济性规制也会大幅度降低，从而对我国政府的公信力产生非常严重的影响。

（3）食品安全体制方面的信息透明度有待提高。食品安全体制的改革或者相关决策的产生都关乎国计民生，如果只是单方面由政府相关的体制研究部门对食品安全体制的改革或决策进行规划，而不能使整个过程公开透明化，势必会影响我国食品安全体制的进一步发展。从国际经验来看，增强食品安全体制信息透明化是发展大趋势，如欧盟就实行步步可追溯的制度，每一个环节都要求信息严格公开。同样，标签制度也在国际大范围实行。这些政策都很好地保证了在发生重大安全事故的时候政府和相关部门能够及时处理。

7. 完善互联网信息管理平台

目前，我国的食品安全相关信息管理系统已经建立，随着互联网的发展，更加需要相关各部门联网。政府可以通过各大媒体，及时公布我国的食品安全相关信息，使市场信息透明度得以提高，尽可能地降低不必要的风险，从而增加食品市场的确定性。同时，政府应当整合现有资源，使现有资源在管理上更加统一化、规范化，并从数量上、覆盖面上增加食品安全信息量，提升食品安全信息和数据的权威性和统一性。通过食品安全管理平台，社会公众可以及时地了解食品安全相关的信息，提高食品安全意识。同时，食品安全管理平台的开放可促使相关食品企业增强对食品安全管理的意识，加大自身对食品的质检力度，提高食品企业在市场中的竞争力，市场环境也会得以优化，市场会变得更加透明化和公平化，这样有利于食品企业在市场中更加公平地竞争。

5.2.3 食品安全预警科技创新

"预警"就是在社会危机发生之前对其进行预测、预报，其根本目的是警示与防范、超前预控。一套完善的预警和危机处理机制有利于预防食品安全事件，在出现食品相关紧急事件时可以及时地应对。目前，我国的食品安全预警和危机处理机制虽然已经建立，但是仍然有很多地方需要完善。

1. 预警和危机处理机制方式不先进

（1）与发达国家相比，现阶段我国食品风险评估水平仍然有待提高，因此，我国政府应积极引进并学习发达国家先进的食品安全预警技术和方法，依据我国现有国情，提高我国食品安全风险评估技术水平，建立并完善适合我国国情的食品安全预警体制，完善我国食品质检系统，提高相关质检部门的工作效率，这有利于预防食品安全事件，在突发食品安全事件时能够快速应对。

（2）我国的食品安全监测网络没有覆盖各个省市形成信息联网，导致我国食品安全监测的相关信息等资源不集中。再加上相关检验机构的设备与国际相比不够先进，使得相关部门预检项目时效率不够高。

2. 我国的食品安全预警机构不健全

食品安全预警机构建立的目的，是在相关风险处于萌芽状态时对其进行预警，及时采取一定控制措施，对食品安全问题防患于未然。但是，现阶段我国建立的食品安全预警机制尚不健全。

3. 食品安全预警科研技术力量仍需加强

组织科研力量全面分析、研究食品安全风险预警及快速反应体系保障措施，研究编制重大食品安全事件应急处理工作手册，为建立质检系统各部门之间的长效工作机制、快速高效应对食品安全突发事件提供保障和工作基础。

5.2.4 食品召回科技创新

对于建立和完善食品召回制，我国应该从以下几点入手：

1. 制定与完善国家层面的食品召回法律法规

（1）对照国外食品召回法律法规体系，根据国内的食品召回管理现状，我国应当建立国家层面的食品召回法律体系，并制定可操作性强的详细的部门规章，各地应制定更加适合本地区的地方法规。

（2）根据食品召回的关键环节、关键领域以及确保某一类高风险且重要的食品（如肉类、水产等）的安全需要，可专门制定单一的法律或细则。

2. 探索并建立国家食品召回管理机构

（1）为了有效保证食品安全，从政府规制的角度看，必须明确食品召回的主管部门，并建立适合我国国情的管理模式，保证食品质量安全事先把关与事后规制的有机结合，确保一旦发生食品安全事件能及时启动应急措施，将危害和损失降至最低。

（2）推动食品生产企业完善内部管理，提高技术水平，强化企业产品质量意识，消除安全隐患，最终切实保障消费者的健康权益。

3. 加强食品安全检测和风险评估的研究

（1）目前，我国急需建立一批在技术上与国际接轨、经权威机构认证的重点研究和检测机构。

（2）依据国情，有选择性地研究与研制部分"高、精、尖"的检测方法，开发部分先进的仪器设备。重点开发食品安全监控中急需的有关安全限量标准对应的农药、兽药、重要有机污染物、食品添加剂、饲料添加剂与违禁化学品、生物毒素、重要人兽共患急病病原体和植物病原的检测技术和相关设备。

（3）加快对风险评估的研究，争取做到根据食品上市时间的长短、进入市场数量的多少、流通方式以及消费群体等资料，评估危害严重度，从而认定食品是否应当召回及召回的范围等。

4. 建立食品召回所需的信息系统

完善、有效的信息系统是确保收集信息及时、有效并采取正确的食品召回行动的关键。

（1）通过分析相关资料发现，依靠较为完善的食品包装和标签制度，我国的食品召回制度得以建立。而在食品包装和标签管理方面，我国存在问题较多，如标签格式混乱、内容不准确、用词缺乏规范等，这对我国食品安全可追溯制度的建设造成很大障碍。

（2）尤其是对于包装上市的转基因食品，应按照相关规定在标签中予以正确标识或标注。

5.2.5 食品追溯科技创新

1. 建立与完善食品安全可追溯制度的相关法律法规

从发展来看，欧盟首先从法律法规开始引导建立食品安全可追溯制度。

（1）已经颁布的法律法规。我国从 2002 年开始陆续颁布一些法律法规，如 2002 年 5 月 24 日农业部发布《动物免疫标识管理办法》，规定猪、牛、羊必须佩戴免疫耳标，建立免疫档案管理制度；国家质量监督检验检疫总局 2003 年启动的"中国条码推进工程"，使得国内的部分蔬菜、牛肉产品开始拥有属于自己的"身份证"。

（2）形成法律法规长效机制。各项措施多以通知或决定等形式颁布，行政效力很强，却没有能够上升到法律体系建设层面，常常会出现"虎头蛇尾"的现象，无法形成长效机制。因此，我国在食品安全可追溯制度的建设过程中，目前急需解决的问题是参考发达国家的相关法律法规，结合我国实际情况来构建可追溯制度的法律基础。

2. 推进食品安全可追溯制度的建立和实施

（1）欧盟的食品可追溯制度是建立在其食品企业的经营管理水平、质量控制技术、信息化程度等都比较高的前提下的，而我国大多数中小食品企业尚不具备这些特征，一味地追求按照国际标准建立食品安全可追溯制度，会给中小企业的生存与发展造成影响，阻力也较大。

（2）出口企业具有比较优势，存在为适应国际市场新规定、增强产品竞争力而建立可追溯机制的外部激励的情况。

（3）我国应积极建立管理系统、实验室样本跟踪系统和进口检索系统，欧盟快速预警系统对我国来说具有很好的借鉴意义。

3. 完善食品包装和标签制度

完善食品的包装和标签制度是建立可追溯制度的重要条件之一。作为追溯信息的重要载体，如果食品包装和标签提供的内容不完整、不详细，追溯信息将无从依附。我国应鼓励出口企业率先参照国际食品安全标准建立可追溯制度，这将为国内企业逐步推进可追溯制度建设提供经验。

4. 建立相互沟通的机制

（1）进一步加强消费者、协会、认证机构、企业和政府间的沟通。对于食品召回而言，政府和社会的监督仅仅是外在的约束，企业的责任意识才是内在的决定因素。而这些主体内在积极性的发挥有赖于消费者的支持，消费者只有珍视自己的食品安全投票权，把票投给那些对食品安全负责任的企业，才能够激励其继续维护食品安全，为食品召回制度的实施营造良好的社会氛围。各种形式的中介组织对于食品市场的监督，以及相关信息和食品安全技术的推广，也具有重要的作用。行业协会可以约束行业内的企业，权威的质量认证机构可为企业提供社会声誉保障。

（2）重视发挥社会力量的作用。发达国家的食品安全规制呈现出从以政府部门规制为主向重视发挥社会力量的作用转变的总体发展趋势。为了充分发挥社会各方面维护食品安全的积极性，有必要建立一个消费者组织、协会、认证机构、企业和政府间相互沟通的机制，通过沟通来加深理解、寻求共同解决食品安全关键问题的办法。

5. 加强相关技术的开发工作

食品安全可追溯制度的建设，除依靠完善的法律法规体系、完善的包装和标签制度等方面外，还要解决实施中的可追溯技术问题。欧盟正是依靠其先进的可追溯技术实现可追溯制度的良好运行的。我国当前农产品生产经营规模小并且分散、组织化程度低，这对可追溯技术的实施造成了很大的障碍。因此，我国应研究开发既与国际接轨又适合我国国情的食品追溯信息收集和传送技术。

6. 与其他安全标准结合

其他安全标准主要是指质量管理体系。从欧盟的实践来看，食品安全可追溯制度并不是孤立地建立的，它必须与其他质量规制体系结合起来才能发挥作用。无论是 HACCP 体系还是 GMP 体系，都是主要针对加工环节进行控制的，其和可追溯制度一样都要求有一个有效的记录系统，因而将食品安全可追溯制度与HACCP 等质量管理体系结合起来，不仅能将整个食品供应链全过程信息联系起来，同时能够避免实践中的重复性工作。因此，我国在食品安全可追溯制度的建设过程中，应注重与其他质量管理体系的结合，使其互相促进，保证各体系的有效运行。

5.2.6 完善国家食品安全风险评估中心的科技创新职能

1. 国家食品安全风险评估中心简介

（1）国家食品安全风险评估中心的成立。国家食品安全风险评估中心（China National Center for Food Safety Risk Assessment，CFSA）是经中央机构编制委员会办公室批准、直属于国家卫生健康委员会的公共卫生事业单位，其成立于 2011 年 10 月 13 日。

（2）国家食品安全风险评估中心成立宗旨。作为负责食品安全风险评估的国家级技术机构，其紧密围绕"为保障食品安全和公众健康提供食品安全风险管理技术支撑"的宗旨，承担着"从农田到餐桌"全过程食品安全风险管理的技术支撑任务，服务于政府的风险管理，服务于公众的科普宣教，服务于行业的创新发展。

国家食品安全风险评估中心从边组建边工作到创事业、谋发展，紧紧围绕"食品安全风险监测—评估—标准制定修订"这一技术支撑主线，努力提升依法履职能力，在决策咨询、科技研发、标准制定、示范指导、信息交流等方面不断取得新进展，人员队伍得到锤炼，能力素质逐步提升，建立起了中国食品安全领域的智库和技术资源中心。

（3）国家食品安全风险评估中心机构设置。国家食品安全风险评估中心主要下设职能处室和业务部门两个机构，其中，职能处室包括办公室、科教与国际合作处、人事处、财务处、条件保障处、党群工作处、纪检监察室和审计处 8 个具体科室，这 8 个科室负责的是中心的职能运转的保障工作；另外，业务部门包括风险监测部、风险评估部、风险交流部、食品安全标准研究中心、国民营养行动中心、检定和应用技术研究中心、发展规划处、资源协作处和信息技术处 9 个科室，这 9 个科室负责的是中心的业务开展工作。除了主要的职能处室和业务部门，国家食品安全风险评估中心另外设置了一个附属机构，即北京中卫食品卫生科技公司，具体机构设置如图 5-1 所示。

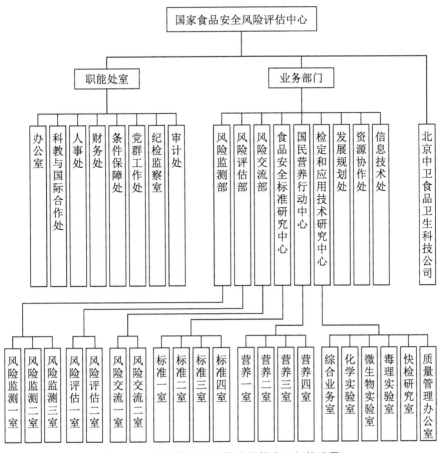

图 5‑1　国家食品安全风险评估中心机构设置

（4）检定和应用技术研究中心简介。国家食品安全风险评估中心负责科技创新的部门是检定和应用技术研究中心，该中心下设 6 个科室，分别是综合业务室、化学实验室、微生物实验室、毒理实验室、快检研究室和质量管理办公室。这些科室负责食品的一系列检验和基础数据获取工作，并负责将这些数据交给风险监测部、风险评估部和风险交流部，由这 3 个风险分析的具体部门负责对数据的进一步处理工作。

2. 国家食品安全风险评估中心主要职责

国家食品安全风险评估中心的主要职责具体有以下几条：

（1）开展食品安全风险监测、风险评估、标准管理等相关工作，为政府制定相关的法律、法规、部门规章和技术规范等提供技术咨询及政策建议。

（2）拟订国家食品安全风险监测计划；开展食品安全风险监测工作，按规定报送监测数据和分析结果。

（3）拟订食品安全风险评估技术规范；承担食品安全风险评估相关工作，对食品、食品添加剂、食品相关产品中生物性、化学性和物理性危害因素进行风险评估，向国家卫生健康委员会报告食品安全风险评估结果等信息。

（4）开展食品安全风险评估相关科学研究、成果转化、检测服务、信息化建设、技术培训和科普宣教工作。

（5）承担食品安全风险评估、食品安全标准等信息的风险交流工作。

（6）承担食品安全标准的技术管理工作。

（7）开展食品安全风险评估领域的国际合作与交流工作。

（8）承担国家食品安全风险评估专家委员会、食品安全国家标准审评委员会等机构秘书处工作。

（9）承办国家卫生健康委员会交办的其他事项。

3. 国家食品安全风险评估中心工作流程

国家食品安全风险评估中心编制了《食品安全风险评估工作指南》，将食品安全风险评估的具体流程写入其中，主要流程包括：

（1）确定风险评估项目。目前，国家食品安全风险评估中心的项目来源主要有两个方面：风险管理者委托的任务和委员会根据目前食品安全形势和需要自行确定的评估项目。

（2）组建风险评估项目组。委员会在接到风险评估任务后，应成立与任务需求相适应且尽可能包括具有不同学术观点的专家风险评估项目组。必要时可分别成立风险评估专家组和风险评估工作组。

专家组主要负责审核评估方案、提供工作建议、作出重要决定、讨论评估报告草案等工作。工作组主要负责起草评估方案、收集评估所需数据、开展风险评估、起草评估报告、征集评议意见等工作。

（3）制定风险评估政策。项目组需要在任务实施前与风险管理者积极合作，共同制定适于本次评估的风险评估政策，以保证风险评估过程的透明性和一致性。

风险评估政策应对管理者、评估者以及其他与本次风险评估有关的各方的职责进行明确规定，并确认本次评估所用的默认假设、基于专业经验所进行的科学判断、可能影响风险评估结果的政策性因素及其处理方法等。

（4）制订风险评估实施方案。风险评估项目组应根据风险评估任务书要求制订风险评估实施方案，内容包括风险评估的目的和范围、评估方法、技术路线、数据需求及采集方式和项目组成员及分工等，必要时需要写明所有可能影响评估工作的制约因素（如费用、资源、时间等）及其可能出现的后果。具体实施方案有以下几条：

①项目实施目的和范围。风险评估实施方案在实施过程中可根据评估目标的变化进行必要的调整，调整的内容需与风险评估报告一同备案。风险评估目的应针对风险管理者的需求，根据风险评估的任务规定解决项目设定的主要问题，也包括有助于达到风险评估目的的阶段性目标。风险评估范围应对评估对象及其食品载体以及所关注的敏感人群进行明确界定。

②项目实施评估方法和技术路线。根据管理需要、评估目的和有效数据等因素确定风险评估方法后，应制定合理、可行的技术路线。

③项目实施数据需求及采集方式。在风险评估数据需求中，应根据评估目的和所选择的评估方法，尽可能地列出完成本次风险评估所需的详细数据及表示方式、来源、采集途径、质量控制措施等。对于缺失的关键数据，需提出解决办法或相关建议。

④项目组成员及分工。方案实施过程中，应根据评估任务量、项目组成员的专业特长及对项目内容的熟悉程度进行明确分工，制订工作进度计划、具体的阶段性目标，测算经费需求。风险评估结果原则上应在充分利用现有数据的基础上达到风险评估的目的，以满足风险管理需求。

（5）采集风险评估数据。风险评估者需要采集的数据种类取决于评估对象和评估目的，应在科学合理的前提下，尽可能采集与评估内容相关的所有定量和定性数据。采集风险评估数据要符合《食品安全风险评估数据需求及采集要求》。具体工作如下：

①对可能存在版权或所有权争议的数据，风险评估者应与数据所有方签署使用和保密协议。

②对于严重缺失的关键数据，可建议风险管理者组织相关单位开展专项数据采集工作。

③所采集的数据在正式用于风险评估前，应组织专业人员对数据的适用性进行审核。

④膳食暴露评估所需的消费量、有害因素污染水平、营养素或添加剂含量数据，原则上应在保证科学性的前提下，优先选用国内数据，特殊情况下可选用全球环境监测系统/食品部分（GEMS/FOOD）区域性膳食数据或其他替代数据，但必须提供充足理由。

⑤除了膳食暴露评估所需数据之外，还应尽可能采集基于流行病学或临床试验的暴露或生物监测数据。

（6）危害识别和危害特征描述。危害识别是根据现有数据进行定性描述的过程。对于大多数有权威数据的危害因素，可以直接在综合分析世界卫生组织

（WHO）、FAO/WHO 食品添加剂联合专家委员会（JECFA）、美国食品药品管理局（FDA）、美国环保署（EPA）、欧洲食品安全局（EFSA）等国际权威机构最新的技术报告或述评的基础上进行描述，具体情况分为以下 6 种：

①对于缺乏上述权威技术资料的危害因素，可根据在严格试验条件（如良好的实验室操作规范等）下所获得的科学数据进行描述，但对于资料严重缺乏的少数危害因素，可以视需要根据国际组织推荐的指南或我国相应标准开展毒理学研究工作。

②若危害因素是化学物质，则危害识别应从危害因素的理化、吸收、分布、代谢、排泄、毒理学特性等方面进行描述。若是微生物，则需要特别关注微生物在食物链中的生长、繁殖和死亡的动力学过程及其传播/扩散的潜力。

③危害特征描述应从危害因素与不同健康效应（毒性终点）的关系、作用机制等方面进行定性或定量描述。对于微生物，需要考虑环境变化对微生物感染率和致病力的影响以及宿主的易感性、免疫力、既往暴露史等。

④对于大多数危害因素，通过直接采用国内外权威评估报告及数据，可以确定化学物的膳食健康指导值或微生物的剂量—反应关系。

⑤对于少数尚未建立膳食健康指导值的化学物，可利用文献资料或试验获得的未观察到不良作用水平（NOAEL）、观察到不良作用的最低水平（LOAEL）或基准剂量低限值（BMDL）等毒理学剂量参数，根据上述风险评估关键点中所确定的不确定系数，推算出膳食健康指导值。

⑥对于无法获得剂量—反应关系资料的微生物，可根据专家意见确定危害特征描述需要考虑的重要因素（如感染力等），也可利用风险排序获得微生物或其所致疾病严重程度的特征描述。

（7）膳食暴露评估。膳食暴露评估以食物消费量（和/或频率）与食物中危害因素含量（或污染率）等有效数据为基础，根据所关注的目标人群，选择能满足评估目的的最佳统计值计算膳食暴露量，同时可根据需要对不同暴露情景进行合理的假设。具体分为以下 3 种情况：

①在化学物的急性（短期）暴露评估中，食物消费量和物质含量（浓度）通常分别选用高端值（如 P90）或最大值；而在慢性（长期）暴露评估中，食物消费量和物质含量（浓度）可以分别选用平均值、中位数或 P90 等百分位数的不同组合。营养素的膳食暴露评估应同时关注 P25 等低端值。

②在概率性暴露评估中，需要利用食物消费量和食物中物质含量（浓度）的所有个体数据，通过相关软件的模拟运算，分析人群危害因素膳食暴露水平的分布情况。

③在进行微生物的暴露评估时，还需要考虑从生产到消费过程中微生物的消

长变化，可通过构建有效模型来预测不同环节、不同环境条件以及不同处理方法对微生物暴露水平的影响。

（8）风险特征描述。风险特征描述应在危害识别、危害特征描述和暴露评估的基础上，对评估结果进行综合分析，描述危害对人群健康产生不良作用的风险及其程度，以及评估过程中的不确定性。具体情况如下：

①风险特征描述有定性和（半）定量两种，定性描述通常将风险表示为高、中、低等不同程度；（半）定量描述以数值形式表示风险和不确定性的大小。

②化学物的风险特征描述通常是将膳食暴露水平与健康指导值相比较，并对结果进行解释。

③微生物的风险特征描述通常是根据膳食暴露水平估计风险发生的人群概率，并根据剂量—反应关系估计风险对健康的危害程度。

④风险特征描述的对象一般包括个体和人群。对于个体的风险描述，可分别根据高端（或低端）估计和集中趋势估计结果，描述处于高风险的个体以及大部分个体的平均风险。

⑤人群的风险特征描述因评估目的和现有数据不同而异，可描述危害对总人群、亚人群（如将人群按地区、性别或年龄分层）、特殊人群（如高暴露人群和潜在易感人群）或风险管理所针对的特定目标人群可能造成某种健康损害的人数或处于风险的人群比例。

⑥风险评估过程中，应从物质的毒理学特性、暴露数据的可靠性、评估模型和假设情形的可信度等方面，全面描述评估过程中的不确定性及其对评估结果的影响，必要时可提出降低不确定性的技术措施。

（9）报告起草和审议。风险评估项目组可按照评估步骤指定各部分内容的起草人和整个报告统稿人。风险评估报告草案经国家食品安全风险评估专家委员会审议通过后方可报送风险管理者。

4. 风险评估最终成果的具体要求

风险评估报告是评估的最终成果，其具体要求包括：

（1）为了保证风险评估的公开、透明，风险评估过程的各环节均需要以文字、图片或音像等形式进行完整且系统的记录并归档。

（2）为了保证与评估相关的各类文件的可追溯性，对风险评估的制约因素、不确定性和假设及其处理方法、评估中的不同意见和观点、直接影响风险评估结果的重大决策等内容，要进行详细记录，必要时可商请专家签名。

（3）上述记录应与风险评估过程中产生的其他材料（包括正式报告）妥善存档，未经允许不得泄露相关内容。具体保密要求可参见《国家食品安全风险评估专家委员会管理文件——档案管理》。

5. 国家食品安全风险评估中心科技创新

食品污染及其所导致的食源性疾病是全球普遍关注的重大公共卫生问题，某些化学危害仅在痕量和超痕量水平就可影响公众健康，而食源性疾病的风险与溯源预警是评价食品安全监控措施有效性的科学基础，加强食品危害暴露鉴定与健康风险控制，已成为我国食品安全的当务之急。国家食品安全风险评估中心立足国际学科发展前沿，面向国家公共卫生重大需求，以食品危害物对健康效应影响的风险评估为目标，开展食品危害暴露的分析表征与转化毒理学研究以及食源性疾病病因鉴定、溯源与预警研究，同步建立食品危害物的化学与微生物监测参比实验室体系，重点关注以下三个研究方向：第一，食品危害暴露的分析表征技术；第二，食源性疾病溯源与人体健康效应风险评估技术；第三，基于系统生物学发展转化毒理学新技术。

（1）食品危害暴露的分析表征技术

①食品中化学危害物鉴定与分析表征技术：建立参比实验室，运用现代科学理论和实验技术分离、识别与定量测定食品和生物体中的化学污染物、天然毒素与有害残留、食品添加剂与包装材料添加剂。发展化学性食物中毒诊断与食品安全应急检测技术，开发出简便、准确的样品前处理新方法、新技术。通过吸收、引进国外先进的标准方法体系，在适合国情的基础上开发能与国际接轨的污染监测标准体系，推动监测技术的进步。以同位素稀释技术结合高分辨气相色谱质谱法测定二噁英类化合物以及多溴联苯醚等新 POPs 污染物和多种色—质联用测定丙烯酰胺、氯丙醇、呋喃、氟代有机物、真菌毒素、热点污染物的"金标准"，发展联用技术，分离和测定食品中食品添加剂残留与包装材料添加剂迁移以及毒性有机金属化合物形态，利用生物检测技术检测真菌毒素等天然毒素和农、兽药残留等，建立色—质确证方法。利用化学计量学研究代谢组学技术，为人体负荷暴露评估提供科学依据。

②化学污染物暴露评估技术：以环境污染物（含金属元素、持久性有机污染物和食品加工形成污染物等）、天然毒素和农药（有机磷与氨基甲酸酯类）为典型污染物，建立点评估和随机评估模型，开发暴露评估和风险表征中的核心技术。以世界卫生组织食品污染物合作中心（中国）为核心，针对不同易感人群开展典型污染物（农药残留、天然毒素和环境污染物）的暴露评估研究。开展中国总膳食研究，以"市场菜篮子方法"建立食品加工、烹调过程中全膳食组成暴露评估体系，以双份饭法进行模型验证研究；利用随机概率模型开展以比较风险评估技术为手段的研究，建立暴露边界比（Margin of Exposure，MOE）评价技术研究。利用人群母乳、血液等生物样品开展机体负荷监测，结合生物标志物的分子流行病学技术，研究人群内暴露剂量和生物有效剂量，为健康效应研究奠定基础。

③抗生素耐药监测与检测技术：研究建立我国常见食物分离的食源性致病菌对抗生素耐药性与耐药谱监测标准化技术与监测数据库，为我国建立抗生素耐药性的生态风险评估和控制体系提供基础数据及理论支持。探讨抗生素浓度对耐药基因富集和扩散的影响，解析环境中耐药基因的遗传进化图谱以及独特遗传背景，探讨耐药基因的水平转移风险。重点研究抗菌药物耐药性的产生、威胁程度和耐药性随时间转移的趋势以及耐药基因的环境污染调查和迁移传播机制。

（2）食源性疾病溯源与人体健康效应风险评估技术

①食源性疾病病原溯源技术：建立微生物参比实验室，针对食源性致病菌开展从影像到数字化的分型技术和评估模型研究，建立集病例信息和实验室监测数据采集、致病菌分子分型图谱的采集与传输、文本与数字以及图谱信息比对、病原因子以及病因性食品的关联性分析、食源性疾病预警发布等为一体的食源性疾病主动监测与预警网络，更准确地掌握我国食源性疾病的发病和流行趋势，提高食源性疾病的预警与防控能力。重点研究重要食源性致病菌的标志基因和基因差异表达、PFGE（脉冲场凝胶电泳）和MLVA（多位点可变数目串联重复序列分型）等分子分型技术和标准化，以及基于Web的标准化溯源分析数据库的建立。

②健康效应风险评估数据信息综合分析技术：结合实验室数据，开发信息采集、计算机处理和函数模拟的集成系统，开展基于生理学的毒代动力学模型（PBTK）和毒效动力学模型（PBTD）研究，建立整合了PBTK和PBTD模型的BBDR模型；研究建立定量结构活性关系（QSAR）分析技术；建立食品安全毒理学数据库和毒理学资料系统综述方法；研究TTC法（2，3，5-三苯基氯化四氮唑法）并扩展其应用领域；优化BMD方法并开发友好操作平台；开发具有自主知识产权的健康效应风险评估软件和操作系统，建立健康效应预测模型和累积风险评估方法学；整合自动成像和图像分析软件，建立遗传毒性自动化分析系统。

③重点目标物质安全性评估的研究与应用：针对国家重点关注的食品及其危害物，开展健康效应风险评估研究，提出管控策略建议。例如，开展食物过敏人群流行病学研究和致敏食物过敏原表型研究；寻找食品中不同类型内分泌干扰物的共性敏感终点和分子靶点，开展基于效应强度的毒性当量和联合暴露交互作用模式研究，为国家有机污染的多层面治理提供技术支持；系统开展复合性状转基因食品、纳米材料和新食品资源的安全性和健康效应评估研究。

（3）基于系统生物学发展转化毒理学新技术

①基于系统生物学发现食品危害物对健康影响的生物标志物：利用组学和生物信息学等系统生物学前沿技术，在已有的毒理学评估模型基础上，开发更灵

敏、更科学的新型毒性检测方法。以食品中典型化学污染物和食品工业中常用纳米材料为研究对象，建立低剂量长期暴露的动物模型。重点发展系统生物学方法，特别是采用转录组学、蛋白质组学和代谢组学方法分析食品中危害物暴露后动物组织及体液（血液、尿液）中基因转录、蛋白表达及代谢产物的变化，利用生物信息学技术对毒理组学海量数据进行整理分析并建立模型，寻找与危害物暴露相关的生物标志物。从数据分析和信息挖掘入手建立毒性测试分析平台，研究健康效应评估中应用的生物标志物的新技术、新方法。

②研究开发基于体外模型的毒性测试新技术：利用人源组织特异性细胞系或胚胎干细胞开发危害物体外暴露模型，针对食品中典型的化学污染物和食品工业中常用的纳米材料开展多种毒性测试，并结合组学和生物信息学手段建立危害物相关蛋白和基因表达谱数据库，重点关注可以作为毒性检验的早期靶标（如与氧化应激反应相关的蛋白、关键酶水平的变化、金属硫蛋白、细胞增殖等相关基因）的表达变化，从而发现有助于识别危害物及其代谢产物的生物标志物，进行安全性评价和健康风险评估，并与动物体内实验的结果相互验证，在此基础上，开展可以替代动物实验、能更灵敏地检测有害物质从一般暴露水平到引起临床病理变化的暴露水平所致变化的 TT21C 新技术的研发。

③食品中化学危害物毒性作用机制及转化毒理学新技术：建立替代动物的体外实验模型，利用系统生物学手段寻找危害物的生物标志物分子，研究其分子信号通路、蛋白功能与危害物的交互作用，从分子水平阐释标志蛋白表达改变的生物学意义，并论证其作为生物标志物的可靠性。同时，研究发挥毒性作用的分子机制，探索危害物毒性作用的信号通路，发展以体外细胞实验为模型、以毒性通路为核心的转化毒理学评价新技术。

④食品毒理学安全评估实验新技术标准化：优化常规毒理学评价方法，通过建立多种体外培养和细胞转化模型开展替代毒理学技术研究，进而开展微观—宏观相结合的毒理学安全评估技术的探索性研究和应用，研发整体动物模型和体外检测技术相结合的毒理学安全评价方法体系。利用基因芯片、毒理组学等前沿技术，开展生物学标志物研究，开发食品毒理学安全性评价新技术并研究转基因食品安全性评价的敏感技术。重点发展神经毒性、生殖毒性、免疫毒性和食物致敏性评价技术，基于早期生物标志物的筛选研究，寻找目标有害物质和新资源成分的敏感标志物，开发适于食品安全性评价和健康效应评估的组合技术，并探索研究免疫毒理学和食物致敏性评价研究的体外替代试验和新方法。针对转基因生物安全性评价技术，重点解决转基因产品特殊功效评价标准体系、毒性敏感终点和非预期效应的测定指标、多个功能基因相互作用的复合性状转基因生物安全评价的关键技术，建立我国转基因生物食用安全性评价体系。

6. 国家食品安全风险评估中心科技创新工作

（1）根据我国风险评估工作需求，构建我国食品安全风险评估技术规范体系，加强风险评估能力建设。

（2）完成食品相关产品新品种公告工作。

（3）完成食品安全国家标准目录和食品相关标准的清理整合工作。

（4）规范进口食品中尚无食品安全国家标准的审查工作。

（5）完善基于全基因组测序的食源性致病微生物溯源技术工作。

（6）完善食品相关产品新品种的解读工作。

5.2.7 完善国家食品安全风险评估专家委员会的科技创新职能

1. 国家食品安全风险评估专家委员会简介

（1）第一届专家委员会成立

《中华人民共和国食品安全法》第十七条规定，国务院卫生行政部门负责组织食品安全风险评估工作，成立由医学、农业、食品、营养、生物、环境等方面的专家组成的食品安全风险评估专家委员会（下称专家委员会）进行食品安全风险评估。2009年12月8日，原卫生部组建国家食品安全风险评估专家委员会，负责开展我国食品安全风险评估工作。

（2）第一届专家委员会组成

根据食品安全法规定和风险评估工作需要，第一届专家委员会由医学、农业、食品、营养等领域的42名专家组成，专家们来自全国大专院校、科研院所等机构，涵盖食品加工、农兽药评估、农产品加工、生产环节规制等方面，其中包括中国科学院和中国工程院院士4名。陈君石院士任专家委员会主任委员，庞国芳院士和陈宗懋院士担任副主任委员。专家委员会秘书处挂靠在国家食品安全风险评估中心。

2. 第一届专家委员会委员遴选过程

第一届专家委员会委员遴选过程如下：

（1）为了保证专家委员会的权威性，原卫生部办公厅函请了工业和信息化部、原农业部、原质检总局办公厅、中国科学院、中国医学科学院以及有关大专院校分别推荐的专家候选人。各部门、大专院校积极配合，共推荐专家128名。

（2）筹备秘书处按照候选人基本条件，同时考虑专家委员会的职责要求和风险评估工作的具体需要，拟定了高于"候选人基本条件"的备选专家入围条件。组织相关专家从各部门、大专院校推荐的候选人中遴选了21名专家（教育部5名，原农业部5名，原质检总局4名，中国科学院3名，工信部2名，中央军事委员会后勤保障部2名），同时从卫生系统中选出了21名专家（含2名临床医学专家），组成以医学、农业、食品、营养4个领域为主的42名备选专家，专业涵盖了风险评估、医学毒理、医学临床、农业、营养学、食品安全规制、食品加工、微生物学、环境毒物、理化检验、流行病与统计等。

（3）原卫生部监督局和筹备秘书处组织工业和信息化部、原农业部、原质检总局、原国家食品药品监督管理局和部分地方卫生系统的专家，对备选专家名单进行讨论，最终确定了由42名专家组成的第一届专家委员会备选委员名单，经原卫生部批准并聘任其为正式委员。

3. 专家委员会职责

专家委员会主要承担如下职责：

（1）起草国家食品安全风险监测、评估规划和年度计划，拟定优先监测、评估项目。

（2）进行食品安全风险评估。

（3）负责解释食品安全风险评估结果。

（4）开展食品安全风险交流。

（5）承担卫健委委托的其他风险评估相关任务。

4. 专家委员会开展的工作

专家委员会成立以来，按照卫健委（原卫计委）的要求，开展食品安全风险评估工作，主要有以下几条：

（1）每年召开1～2次全体会议和若干次项目工作组会议，讨论年度工作计划和各项目进展情况。

（2）截至2018年2月，共开展优先评估项目20余项，参与食品安全应急事件处置20余项。

5.2.8 完善中国检验检疫科学研究院的科技创新职能

1. 中国检验检疫科学研究院简介

（1）中国检验检疫科学研究院（CAIQ），是国家设立的公益性检验检疫中央研究机构，2004年建院，其前身是成立于1954年的农业部植物检疫实验所和成立于1979年的中国进出口商品检验技术研究所。

（2）中国检验检疫科学研究院的主要任务是开展检验检疫应用研究和相关基础、高新技术和软科学研究，着重解决检验检疫工作中带有全局性、综合性、关键性、突发性、基础性的科学技术问题，为国家检验检疫决策和检验检疫执法把关提供技术支持，为质量安全科普教育及社会实践培训提供社会服务。

2. 中国检验检疫科学研究院机构设置

（1）专业研究机构。中国检验检疫科学研究院内设食品安全研究所、植物检疫研究所、动物检疫研究所、卫生检疫研究所、工业与消费品安全研究所、化学品安全研究所、装备技术研究所、农产品安全研究中心 8 个专业研究机构。

（2）技术支持机构。中国检验检疫科学研究院内设综合检测中心、测试评价中心（检验检疫技术培训中心）、化妆品技术中心、综合服务中心、检验检疫标本馆和国家食品安全危害分析与关键控制点应用研究中心 6 个技术支持机构。

（3）主办的学术杂志。中国检验检疫科学研究院主办有《植物检疫》《检验检疫学刊》《中国国境卫生检疫杂志》3 种学术杂志。

3. 中国检验检疫科学研究院完成的科研任务

多年来，中国检验检疫科学研究院向社会提供了大量公正、权威、精确的检测技术服务，既是国家重要的科技支撑和技术保障部门，也是卓越的社会检测服务和技术提供者，为促进国际贸易发展、维护消费者生命财产安全、保障国民安全、保护国家生态安全等做出了重要贡献。中国检验检疫科学研究院完成的部分食品安全任务如表 5-1 所示。

表 5-1　　　　　中国检验检疫科学研究院完成的部分食品安全任务

工作	类型	详细工作内容
食品安全检测和生物反恐	技术支撑工作	防控 SARS、甲型流感、埃博拉病毒和登革热
		应对一系列食品安全突发事件
	技术保障	2008 年北京奥运会
		2010 年上海世博会
		2014 年南京青奥会
		2016 年杭州 G20 峰会
	地震灾区防疫	汶川灾后重建工作
		玉树灾后重建工作

资料来源：根据相关资料整理。

4. 中国检验检疫科学研究院攻克的技术壁垒

中国检验检疫科学研究院的科研工作取得了丰硕成果，尤其是近年来在解决技术壁垒等有关问题上有着突出表现。

（1）制定、修订涉及进出口贸易的技术标准（SN）：根据我国进出口贸易的需要，按照国际通行做法，制定技术标准共计 50 余项，扩大了我国相关产品的出口，限制了国外相关产品的进入，有力保障了我国贸易的正常化。

（2）破除国外技术壁垒：对日本出口大米的 80 余项农药残留进行检测，协助建立和实施《中华人民共和国动物及动物源食品中残留物质监控计划》，对出口蜂蜜中的杀虫脒进行检测，对欧盟出口纺织品及皮毛、皮革制品中的有毒有害物质进行检测等。

（3）处理突发事件：对日出口鸡肉中克球酚的检验技术攻关，供港活猪的瘦肉精的检测方法培训，进口荷兰奶粉中二噁英的检测方法研究等。

（4）限制进口和维护国内市场秩序：进口饲料中牛羊源成分检验鉴别，食品中转基因成分检验，豆芽激素及漂白粉的检验方法研究，进口泰国香米真伪鉴别研究，检测和确证从宁波口岸进口的西班牙比目鱼裙边中的氯霉素。

5. 中国检验检疫科学研究院科研成果

中国检验检疫科学研究院的重要科研成果名称与技术水平：

（1）进口动物源性饲料中牛羊源性成分的分子生物学检测方法研究（获国家质检总局"科技兴检奖"二等奖）。短时间内在我国首次建立了依赖 PCR 技术检测牛羊源性动物饲料的快速、灵敏的定性方法，对于阻止疫区牛羊源性成分进入我国提供了技术保障，促进了我国蔬菜水果的出口。

（2）进出口食品中转基因成分的检测研究（国家项目）。通过科技部组织的专家鉴定，该技术达到了国际领先水平。该项目还研发了与转基因检测行业标准配套的试剂盒 50 个，试剂盒的性能指标达到了国际先进水平。

（3）设立出口蔬菜、水果中 22 种有机磷农药残留量的检验方法等行业、国家和国际标准 30 余项。经专家评定，多项达到国际先进水平，为进出口食品检验提供了检验依据，扩大了食品进出口贸易额。

（4）农药残留检测用标准样品——丁胺磷等 11 项标准样本研究。其中 1 项获原国家质检总局"科技兴检奖"二等奖，2 项获原国家质检总局"科技兴检奖"三等奖。

（5）食品、动植物及其产品中 SARS 病毒检测技术研究。该研究为国家十五项重大食品安全攻关项目子项，并且填补了国内外相应领域的空白。

（6）食品安全风险控制技术研究。该研究为国家十五项重大食品安全攻关项目子项，通过专家鉴定。

6. 中国检验检疫科学研究院科技创新

（1）为满足质检总局口岸传染病防控"关口前移"的技术支持要求，研发了新型检测方法，达到口岸检疫需要在现场快速出具准确检测结果的要求。

（2）完善对目录外进出口商品抽查检验的技术支持工作，具体包括信息填报平台结构调整、填报规范制定、系统日常维护、数据统计分析、信息审批指导等，该成果保障了数据的准确性和完整性。

（3）开展缺陷进口消费品召回管理工作。完成缺陷进口消费品召回技术支撑和保障方面的工作。

（4）完善检验检测仪器设备及关键实验耗材评价工作。

（5）完成口岸传染病疫情风险评估分析工作，如对"口岸鼠疫防控处置技术方案"进行研讨等。

5.3 完善中国食品安全科技标准创新

近年来，虽然我国政府在建设食品安全标准体系的进程中取得了一定的进展，但是我国当前食品相关行业的发展有限，制定食品标准的研究条件有限，风险的评估水平还有待提高，所以我国现阶段所实行的食品安全质量标准还存在很多问题，完善食品安全质量标准是我国政府现阶段的重要任务之一。

随着我国加入 WTO，为了促进我国贸易的进一步发展，使更多的企业"走出去"，我国需要在各个方面与国际接轨，因此我国食品安全质量标准也要和国际现行的标准体系接轨。

5.3.1 食品安全标准体系的构建原则

在充分考虑食品链全过程特性的基础上，为了实现预防和控制食品安全危害的目标，从标准体系构建的科学性、先进性、可行性、可持续性等角度出发，食品安全标准体系构建需要遵循以下基本原则。

1. 全程控制原则

（1）基于全程控制的思想进行规制和科技创新。确保制定的各种食品安全标准按其内在联系形成科学、有机的整体，切忌出现各管一段、标准不一致甚至是彼此冲突的情况。

（2）食品安全规制和科技创新要融入食品链全过程。为最大限度预防和应对食源性危害，保护消费者健康，须将规制和科技创新活动融入食品链全过程。

2. 风险分析原则

进行食品安全风险分析的时候应该遵循以下两方面要求：

（1）通过应用风险分析原则和方法，系统分析各重点食品专业领域、各过程存在的食品质量和安全问题。

食品安全风险分析是一个多学科互动的过程，涉及的学科包括化学、数学、食品科学、计算机科学和经济管理等，因此，系统地分析和调动各学科力量是食品风险科技创新的原则之一。

（2）充分结合我国的食品安全发展国情，同时，充分考虑我国消费者适当的健康保护水平、食品产业生产力当前的实际水平和发展需求，以及国内、国际贸易的需要，从而构建基于风险分析的科学的食品安全标准体系。

3. 持续改进原则

（1）避免绝对化。在构建食品安全标准体系时，对食品生产各环节影响食品质量和安全的各种因素的划分和确定不应绝对化。

（2）坚持开放和发展的理念。建立食品安全标准须持开放和发展的观点，这有利于食品安全标准的不断优化、更新与维护。

4. 国际接轨原则

食品安全标准体系的构建应充分借鉴发达国家和地区的经验，针对我国现状来构建我国的食品安全标准体系，不仅要确保我国食品安全，而且要促进食品的国际贸易。

（1）符合中国食品消费习惯是国内标准制定的原则。各个国家的食品消费习惯不同，因此，食品安全标准必然不同，制定标准的第一个要求是符合本国国情。

（2）符合出口国的要求和国际惯例也是食品安全标准制定的原则。食品出口是我国创汇的重要来源之一，因此，与国际食品安全标准接轨是我国食品安全标准制定的第二个要求。

5.3.2 食品安全标准体系的构建途径

一般来说，食品安全标准体系的构建可归纳为两条途径：

1. 从局部到整体

（1）该途径主要强调标准体系建立过程的动态性，是不成体系的一系列标准经过调整、修改、补充、发展、完善逐步形成的，因此，体系的建立过程是一个永无止境的过程。

（2）食品安全标准体系建立是一项复杂的系统工程，至今尚未形成一套成熟、完整的构建方法。但是，我们可根据其要达到的目标，将它作为一个有限目标的体系，探讨体系形成过程中可遵循的规律，归纳总结出有益的方法。

2. 从整体到局部

（1）这一途径强调根据总体目标，规划设计出所需的全套标准，形成一定规模的标准体系。从整体到局部建立标准体系对建设有限目标的局部体系是一种有效的途径。

（2）该途径是在系统论、管理论和信息论的指导下，依据系统效应原理、结构优化原理、反馈控制原理、标准化原理、风险分析原则的一种新型的食品安全标准体系构建方法，即以过程方法为核心，同时融入功能方法和层次方法。

5.3.3 食品安全科技标准创新的过程方法

1. 过程方法定义

过程方法通过系统划分"从农田到餐桌"整个食品链的各个基本过程和环节，分析和确定各环节影响食品安全的危害因素，以及应采取的控制与管理措施，从而提出相应的标准需求，并将过程要素和食品安全危害因子作为食品安全标准体系的基本结构要素。

2. 食品链的构成

食品链由自然链和加工链两个部分组成，不同食品在食品链各环节中可能出现不同的食品危害。

（1）从自然链部分来看，初级生产主要分为种植和养殖两大类过程。在自然链中，除常见的生物性危害、化学性危害、物理性危害之外，随着生物技术的发展，转基因技术在育苗和育种环节中有可能被广泛应用。

（2）从加工链部分来看，采购的农产品和畜产品经过各种不同的加工工艺进行再处理，然后进入包装、贮存、运输和销售等环节，最终进入消费环节。因为食品具有易变质、易腐败的特性，所以在整个加工和流通环节，需要加工企业一直依照食品安全科技标准来执行，否则极易出现食品成分改变的情况，从而导致食品安全风险。

3. 食品链的环节

加工食品可能出现的危害不仅有常见的生物性危害、化学性危害、物理性危害，还有人为的不当操作和违法行为等外部因素造成的危害。同样，也可能涉及因新技术、新工艺和新资源的应用而带来的潜在危害。因此，食品链全过程可划分为初级生产、生产加工、市场流通、餐饮消费4个环节。

4. 过程方法的应用情况

目前，过程方法广泛应用于国内外食品安全管理体系，例如，国际食品法典委员会（CAC）制定的《食品卫生总则》贯穿食品链全过程，强调了各环节阶段关键的卫生控制要求；《食品安全管理体系 食品链中各类组织的要求》采用了全过程控制和风险分析的方法，规定了食品安全管理体系的要求，以确保整个食品链的安全。应用过程方法构建食品安全标准体系，可提高整个食品链不同环节之间标准的协调性和配套性，有效解决原有食品安全标准体系协调性较弱及不同环节标准脱节、交叉、重复等问题。

5.3.4 食品安全标准创新的功能方法

1. 功能方法定义

功能方法通过对食品安全标准体系应具备的功能进行分析与定位，提出保证实现体系功能与作用的标准需求，设置与功能相匹配的标准类型，将其作为构建标准体系的基本结构要素。

2. 功能方法分类

食品安全标准体系应具备的功能至少有以下3个。

（1）目标定位功能。通过建立食品安全标准，规定食品质量安全应达到的目标水平，结合我国国情，提出食品质量安全活动的努力方向，以解决我国食品产品存在的问题。因此，"目标定位功能"是食品安全标准体系的核心功能。

（2）预防控制功能。围绕"目标定位功能"，从全过程安全控制与管理的理念出发，食品安全标准体系必须具备"预防控制功能"，遵循以预防为主的原则，引导企业采用先进的技术，以达到安全目标。

（3）监督管理功能。从满足食品监督管理的需要出发，食品安全标准体系必须具备"监督管理"的功能，以提供监督执法的依据和手段。

除了具备以上3个基本功能，食品安全标准体系还必须具备引导消费功能、保障健康功能和基础支撑功能3个辅助功能，以规范开展各项食品质量安全活动。

3. 功能方法设立的食品安全标准一览

为充分实现食品安全标准体系的功能，应设置相应的食品安全标准类型。标准体系功能与标准类型之间具有一定的对应关系。

（1）为实现目标定位功能，可设置食品中有毒有害物质限量标准、与食品接触材料卫生标准；

（2）为实现预防控制功能，可设置食品质量安全控制与管理技术标准；

（3）为实现监督管理功能，可设置食品检验检测方法标准；

（4）为实现引导消费功能，可设置食品标签标识标准；

（5）为实现保障健康功能，可设置特殊食品产品标准；

（6）为实现基础支撑功能，可设置食品基础标准。

通过确立食品安全标准体系的功能定位，明确标准体系中各类标准应具有的作用、地位和功能，可有效避免标准体系中完整性与配套性差、重要标准短缺的问题，从而全面实现食品安全标准体系在国民经济和社会发展中的技术支撑作用。

5.3.5　食品安全标准体系的层次方法

1. 层次方法定义

层次方法通过分析和确定食品安全标准的适用范围，对标准中的共性内容进行提升，将其制定为食品安全通用标准；对特殊性的标准内容，将其制定为食品安全产品专用标准，以满足食品的特殊性要求或食品进出口的贸易急需。

2. 层次方法原则

标准体系结构应该层次分明、相互协调，标准中应该通用性和特定性并存。

（1）通过合理设置标准的层次，对共性要求尽可能地扩大标准的适用范围，以提高食品安全标准的通用性。

（2）对特定要求则允许制定专用性标准，保证标准的适用性和可操作性。

（3）将国家标准与行业标准、强制性标准与推荐性标准和指导性技术文件有机结合，以满足各类食品行业的特定需要。

3. 层次方法可解决的问题

通过层次方法构建食品安全标准体系，可以明确划分通用标准和专用标准，优化体系层次结构，有效解决以下问题。

（1）原标准体系层次不够分明的问题。食品安全标准原则中一个重要的要求就是通用性和特定性并存。我国的食品品种非常丰富，加工方法多种多样，对于食品安全标准的通用性要求较高，因此，食品安全标准创新的层次方法需要解决的首要问题就是食品安全标准的通用性问题；此外，特定性也是食品安全标准的原则，这是保证标准的适用性和可操作性的根本要求，食品行业细分的各个类目，也需要有不同的标准进行划分。

（2）标准总体发展不均衡的问题。食品安全标准制定的工作任务涉及科技创新、标准管理、检验检测体系和信息化建设四大体系的协同合作。目前，我国的相关主体还不能实现这四大体系的融合，导致食品安全标准总体发展不均衡的情况出现。

5.3.6　食品安全国家标准审评委员会的科技创新

食品安全国家标准审评委员会（以下简称"委员会"）负责审查食品安全国家标准草案，对食品安全国家标准工作提供咨询意见。具体情况如下：

1. 食品安全国家标准审评委员会简介

第一届食品安全国家标准审评委员会于 2010 年 1 月成立，由 350 名委员组成，包括由国务院有关部门和相关机构推荐的医学、农业、食品、营养等方面的专家以及代表国务院有关部门的单位委员，分属不同的专业分委员会。

委员会设 10 个专业分委员会，分别是污染物、微生物、食品添加剂、农药残留、兽药残留、营养与特殊膳食食品、食品产品、生产经营规范、食品相关产品和检验方法与规程分委员会，负责本专业领域食品安全国家标准审评工作。根据审评工作需要，委员会可临时组建特别分委员会。

秘书处负责对食品安全国家标准草案进行初步审查，内容包括标准的完整性、规范性和与委托协议书的一致性等。秘书处设在中国疾病预防控制中心。食品安全国家标准审评委员会由主任会议负责领导。

2. 食品安全国家标准审评委员会职责

委员会的职责包括审查食品安全国家标准，提出实施食品安全国家标准的建议，对食品安全国家标准的重大问题提供咨询服务，以及承担食品安全国家标准的其他工作。委员会坚持发扬民主、协商一致的工作原则，以维护人民群众身体健康和生命安全为宗旨，以食品安全风险评估结果为基础，坚持科学性原则，从我国的国情出发，促进食品安全和企业诚信，促进食品安全标准与经济社会协调发展。

（1）主任会议的职责：①审议食品安全国家标准；②研究贯彻落实国家食品安全标准工作的重要举措；③审议委员会年度工作报告和工作计划；④审议和修正委员会章程；⑤研究其他重要事项。

（2）各分委员会的职责：①审查食品安全国家标准草案的科学性和实用性；②落实主任会议的决议，研究提出本专业领域食品安全国家标准的工作计划；③对食品安全国家标准的重大问题提供咨询；④落实委员会主任委员、常务副主任委员、副主任委员交办的重要工作。

（3）污染物分委员会的职责：①审查食品中污染物的限量标准；②提出实施污染物限量标准的建议；③研究提出制定、修订食品中污染物限量的原则。

（4）微生物分委员会的职责：①审查食品中致病性微生物限量标准；②提出实施致病性微生物限量标准的建议；③研究提出制定、修订食品中致病性微生物限量的原则。

（5）食品添加剂分委员会的职责：①审查食品添加剂使用标准、食品营养强化剂使用标准、食品添加剂质量规格标准、食品添加剂标签标准等；②提出实施食品添加剂、食品营养强化剂相关标准的建议；③研究提出制定、修订食品中添加剂使用标准和食品添加剂质量规格标准的原则。

（6）营养与特殊膳食食品分委员会的职责：①审查营养与特殊膳食食品产品安全标准、预包装食品营养标签标准、特殊膳食食品标签标准等；②提出实施特殊膳食类食品、食品营养强化剂相关标准的建议；③研究提出制定、修订特殊膳食类食品安全标准、食品中营养强化剂使用标准的原则。

（7）食品产品分委员会的职责：①审查食品产品安全标准及预包装食品标签标准；②提出实施食品产品及预包装食品标签标准的建议；③研究提出制定、修订食品产品安全标准的原则，提出将与食品安全相关的质量指标纳入食品产品安全标准的原则。

（8）生产经营规范分委员会的职责：①审查食品生产经营规范类安全标准，食品生产经营过程危害因素控制指南类标准，食品添加剂、食品相关产品生产规范类安全标准；②提出实施食品生产经营规范类安全标准，食品生产经营过程危害因素控制指南类标准，食品添加剂、食品相关产品生产规范类安全标准的建议；③研究提出制定、修订食品、食品添加剂、食品相关产品生产经营规范类安全标准的原则。

（9）食品相关产品分委员会的职责：①审查食品容器、包装材料、用于食品生产经营的工具、设备、食品用洗涤剂、消毒剂相关标准；②提出实施食品容器、包装材料、用于食品生产经营的工具、设备、食品用洗涤剂、消毒剂相关标准的建议；③研究提出制定、修订食品相关产品类安全标准的原则。

（10）检验方法与规程分委员会理化工作组的职责：①审查食品安全国家标准中食物成分、污染物、食品添加剂、营养强化剂、食品相关产品中的化学物质等理化指标的检验方法安全标准；②提出实施食品安全国家标准中食物成分、污染物、食品添加剂、营养强化剂、食品相关产品中的化学物质等理化指标的检验方法安全标准的建议；③研究提出制定、修订理化检验方法安全标准的原则。

（11）检验方法与规程分委员会微生物工作组的职责：①审查食品安全国家标准中致病菌、病毒、寄生虫、指示菌、食品用菌种等微生物检验方法标准；②提出实施食品安全国家标准中致病菌、病毒、寄生虫、指示菌、食品用菌种等微生物检验方法标准的建议；③研究提出制定、修订微生物检验方法安全标准的原则。

（12）检验方法与规程分委员会毒理工作组的职责：①审查食品安全毒理学评价程序和方法标准；②提出实施食品安全毒理学评价程序和方法标准的建议；③研究提出制定、修订食品安全毒理学评价程序和方法标准的原则。

（13）农药残留分委员会的职责：①审查食品中农药最大残留限量标准；②审查食品中农药残留检验方法安全标准；③提出实施食品中农药最大残留限量及检验方法安全标准的建议；④研究提出制定、修订食品中农药最大残留限量、食品中农药残留检验方法安全标准的原则。

（14）兽药残留分委员会的职责：①审查食品中兽药最大残留限量标准；②审查食品中兽药残留检验方法安全标准；③提出实施食品中兽药最大残留限量及检验方法安全标准的建议；④研究提出制定、修订食品中兽药最大残留限量、食品中兽药残留检验方法安全标准的原则。

（15）食品安全国家标准涉及多个分委员会时，主要负责分委员会应会同其他相关分委员会审查有关内容。

（16）根据工作需要，审评委员会可临时组建特别分委员会。特别分委员会的设立和职责由主任会议确定。

3. 食品安全国家标准审评委员会秘书处工作程序

食品安全国家标准审评委员会秘书处工作程序包括标准立项、计划项目的组织实施、标准公开征求意见、标准审查、标准报批、标准咨询与跟踪评价、复审和地方标准备案 8 个程序，具体情况如下。

（1）标准立项。根据食品安全国家标准规划和食品安全工作需要，秘书处提出年度食品安全国家标准立项的重点领域的建议，并报国家卫生健康委员会（原国家卫生和计划生育委员会）批准。在国家卫生健康委员会发布征集年度标准立项建议的信息后，秘书处对征集来的立项建议按各专业领域进行汇总分析，提出年度标准立项建议草案。

年度标准立项建议草案的提出，应充分结合食品安全国家标准规划确定的工作重点，要符合食品安全国家标准体系建设原则，考虑秘书处和委员会的工作承受能力。秘书长组织秘书处和相关专家召开标准立项计划草案研讨会，讨论年度标准立项建议草案，形成年度标准立项建议讨论稿。

秘书处提请食品安全国家标准审评委员会对年度标准立项建议提出咨询意见。秘书处综合考虑各机构的工作能力及既往承担项目的完成情况，提出标准项目的建议候选承担单位（无法提出项目建议候选承担单位时，秘书处建议国家卫生健康委员会，对立项建议公开征求意见时采取招标的方式征集承担单位）。秘书处根据审评委员会的咨询意见，统筹协调后形成食品安全国家标准制（修）订项目计划（征求意见稿），报国家卫生健康委员会公开征求意见。

食品安全国家标准制（修）订项目计划批准实施后，秘书处按照专业领域分工分别组织落实。根据食品安全规制工作需求，国家卫生健康委员会需要紧急开展食品安全标准立项工作时，工作流程参照上述过程执行。

（2）计划项目的组织实施。秘书处根据食品安全国家标准年度制（修）订计划确定的项目，向国家卫生健康委员会提出标准经费分配建议，并协助国家卫生健康委员会与项目承担单位（起草单位）签订食品安全国家标准制（修）订项目协议书。秘书处对各标准计划项目的执行情况进行督促，并请起草单位定期提交食品安全标准起草进展情况书面报告。秘书处应加强内部的协调沟通，注意各标准项目起草过程中相关技术指标间的协调。

对标准制修订过程中存在的重大问题，秘书处应及时协调解决，必要时提交秘书长组织讨论研究。对因故需要调整、延期、终止或撤销食品安全国家标准制

（修）订项目的，秘书处应及时组织起草单位按照《食品安全国家标准制（修）订项目管理规定》第二十五条的规定提交相应的材料，并及时向国家卫生健康委员会报告。

（3）公开征求意见。秘书处按照"食品安全国家标准审评内容和要求"，对起草单位提交的标准草稿及其他相关资料进行初审，必要时，还可以组织有关专家协助初审。对不符合要求的标准，应要求起草单位修改完善。

秘书处将通过初审的标准草稿整理后形成标准征求意见稿。标准征求意见稿与其简要版编制说明、SPS（《卫生与植物检疫措施协议》）中英文通报表经秘书长审核后，上报国家卫生健康委员会公开征求意见。

秘书处将收集整理的国内意见和收到的WTO（世界贸易组织）成员提交的评议意见反馈给标准起草单位，并督促起草单位及时处理意见。

（4）标准审查。秘书处对起草单位考虑各方意见（包括WTO通报评议意见）修改形成的送审稿、编制说明、征求意见汇总表再次审查，符合相关要求后提前发送给相关专业分委员会委员。秘书处适时提请专业分委员会主任委员，组织召开专业分委员会会议进行标准审查。

秘书处按照"食品安全国家标准审评委员会会议程序和内容"要求，协助专业分委员会主任委员组织标准审查，形成对标准送审稿的审查意见。秘书处书面通知起草单位按照专业分委员会审查意见对标准送审稿及编制说明进行修改，并尽快提交到秘书处。对涉及两个或两个以上专业分委员会的标准，经秘书长同意，秘书处按照"食品安全国家标准审评委员会职责"，召集相关分委员会及相关专家共同审查。

秘书处向国家卫生健康委员会请示，适时召开主任会议，对经专业分委员会审查通过的标准进行审议。秘书处协助各专业分委员会主任委员，准备主任会议审议标准所需的相关资料。秘书处书面通知起草单位，按照主任会议审议意见，对标准送审稿及编制说明进行修改，并尽快提交到秘书处。

（5）标准报批。秘书处及时报批通过主任会议审议的标准。标准报批前，秘书处应组织对标准文本进行审校。秘书处对审校后的材料按照"上报标准报批稿材料目录及要求"整理，相关负责人和秘书长审核后，报送卫生监督中心。

卫生监督中心对标准报批稿提出书面修改意见时，秘书处组织标准起草单位进行研究后提出是否采纳修改的意见，并进行书面答复。修改后的标准重新上报卫生监督中心。

（6）标准咨询与跟踪评价。秘书处协助国家卫生健康委员会做好新标准的发布宣传工作，组织起草标准问答，接受各界咨询，为国家卫生健康委员会提供标准解释的建议。

秘书处一般不以书面形式回复各界对标准问题的咨询。秘书处在进行关于标准的咨询和交流时，要及时与相关人员沟通、协商，必要时请秘书长及相关专家共同研讨解决。对涉及两个或两个以上专业分委员会的标准问题，经秘书长批准，秘书处召集相关方协商解决。秘书处协助国家卫生健康委员会开展食品安全国家标准跟踪评价工作，整理和研究跟踪评价信息，及时提出完善标准的建议。

（7）复审。秘书处根据标准跟踪评价结果和各界反馈意见，适时提请分委员会对食品安全国家标准进行复审。经委员会复审后确定需要修订的食品安全国家标准，秘书处按照标准立项程序，及时将标准项目纳入年度标准立项建议草案。

（8）地方标准备案。秘书处协助国家卫生健康委员会承担食品安全地方标准备案工作，按照规定的备案条件，对地方卫生行政部门报送的标准予以备案。秘书处及时与地方卫生行政部门就地方标准备案中出现的问题进行沟通，必要时组织专家进行研讨解决。秘书处定期将食品安全地方标准备案材料进行整理并报国家卫生健康委员会。

4. 食品安全国家标准审评委员会科技创新工作

随着人们饮食习惯的改变和化学技术的进一步发展，食品构成、新型食品保存方法和新型添加剂不断增多，目前，食品安全国家标准的创新工作集中于对新型食品和新型添加剂的标准创新工作以及对于食品保鲜的标准创新工作等，具体创新工作如下：

（1）《食品安全国家标准——速冻食品生产卫生规范》等食品储存方法标准的科技创新工作。

（2）《食品安全国家标准——糖果》等新型食品安全国家标准的科技创新工作。

（3）《食品添加剂——氯化钙》等新型食品添加剂的食品安全国家标准的科技创新工作。

（4）完善《食品安全标准——食品中致病菌限量》的科技创新工作。

（5）关于《特殊医学用途配方食品良好生产规范》等食品安全国家标准的科技创新工作。

（6）撤销 2,4-二氯苯氧乙酸等多种食品添加剂的科技创新工作。

（7）对于特殊膳食标准的科技创新工作。

（8）关于食品安全标准与食品风险管理、食品安全标准与预警、食品安全标准与溯源和食品安全标准与食品召回等的科技创新工作。

（9）关于利用食品安全标准引导人们健康饮食的科技创新工作。

（10）关于《食品安全国家标准——食品营养强化剂使用标准》的科技创新工作。

（11）进口无食品标准的新型食品的食品安全标准的科技创新工作。

6 非政府组织对食品安全规制作用的博弈研究

6.1 中国非政府组织现状分析

1. 数量的增长

中国的非政府组织起步于 1949 年中华人民共和国成立时期，其发展一度停滞不前，自改革开放以来，非政府组织成立的数量直线增长，所涉及的类型也逐步增多。1995 年后，非政府组织进入国际化发展阶段，国外非政府组织数量也逐渐增长。

（1）我国非政府组织发展迅猛

数据显示，1990 年我国非政府组织数量为 1.1 万个，到 2018 年年底，增长到 81.6 万个，如此惊人的增长充分诠释了我国非政府组织发展之迅猛。图 6-1 展示了 2005—2018 年我国非政府组织数量的具体数值，以及 2005—2018 年我国非政府组织数量变化趋势。

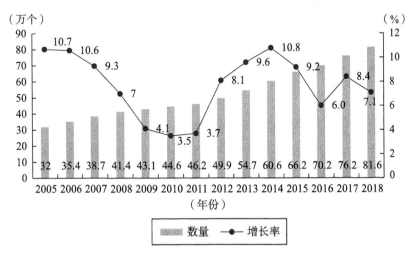

图 6-1 2005—2018 年我国非政府组织数量变化趋势

数据来源：2006—2019 年中国社会组织报告。

（2）我国非政府组织增长趋势明显

从图6-1中的数据以及变化趋势中，可以清楚地看到改革开放以后我国非政府组织数量一直呈较快增长速度。尽管增长率时有变化，但是在数量上一直是增长的，也就是说，我国一直呈现一种积极的发展状态。

2. 种类繁多

随着我国非政府组织数量上的可观增长，其种类也产生了较大的变化，其中涉及食品或对食品安全有影响的有很多，具有代表性的有中国烹饪协会、中国食品工业协会、中国饮食行业协会、中国奶业协会、中国食品科学技术学会、中国消费者协会、中国食品质量与安全协会、中国食品添加剂协会等。

3. 非政府组织职能逐渐完善

以中国烹饪协会为例，其成立于1987年4月，是由从事餐饮业经营、管理与烹饪技艺、餐厅服务、饮食文化、餐饮教育、烹饪理论、食品营养研究的企事业单位、各级行业组织、社会团体和餐饮经营管理者、专家、学者、厨师、服务人员等自愿组成的餐饮业全国性跨部门、跨所有制的行业组织，其职能范围如下。

（1）开展行业服务。中国烹饪协会接受政府委托，起草制定了《餐饮业职业经理人认定条件》《餐饮业营养配餐技术要求》等相关国家行业标准。同时，中国烹饪协会通过开展行业与市场调研，积极向政府部门反映行业情况，提出政策建议，制定行业发展指导意见与规划，帮助企业解决实际困难，加强行业指导和服务工作，组织开展"中华餐饮名店"等餐饮品牌认定工作，充分发挥了行业组织和桥梁的作用，为餐饮业发展创造了良好的经营环境。

（2）开展培训服务。中国烹饪协会拥有众多国内外资深教授和业界专家，与劳动和社会保障部、教育部高等教育自学考试委员会等政府职能部门，以及清华大学、法国昂热酒店管理学院等国内外著名院校紧密合作，举办相关职业认证和专业培训、全国餐饮业高级工商管理（MBA）培训、酒店管理法国学士学位学习，开设高等教育自学考试餐饮管理专业和中国餐饮业职业经理人资格证书考试。同时，中国烹饪协会与国内资深教授、业内专家学者和企业精英一起编著业界专业书籍，举办各类国家权威培训、餐饮业优质管理模式研修、餐饮业前沿论坛和国际交流互访活动等。

（3）开展技术服务。中国烹饪协会坚持"继承、弘扬、开拓、创新"的方针，多年来为弘扬中华饮食文化、推进烹饪技艺水平的提高做出了积极贡献。中国烹饪协会联合有关单位每五年举办一届的"全国烹饪技术比赛"，成为我国餐饮与烹饪界极具影响力的重大赛事，主办的"中国厨师节"、烹饪擂台赛、各类美食节等活动，对加强技艺交流、促进创新发展、开拓繁荣市场和带动地方经济等具有重要作用。

（4）开展信息服务。中国烹饪协会通过《中国餐饮》等会刊和网络资源为会员、行业提供最及时和全面的信息交流服务。中国烹饪协会的网站——中国烹饪协会网和餐饮在线网，旨在建成中国餐饮业的网络信息平台，为餐饮业同人提供竭诚的服务，展示餐饮行业的时代特征，加强行业信息沟通，传播烹饪科学知识，推广餐饮营销经验。

（5）开展对外交流服务。中国烹饪协会自 1988 年加入世界厨师联合会成为第 40 个国家级会员单位以来，与世界上 60 多个国家和地区的餐饮与厨师组织建立了广泛的联系和良好的合作。中国烹饪协会每年组织国内餐饮企业相关人员到餐饮业发达国家考察交流，引进国外先进的餐饮管理经验与烹饪技术，提高国内餐饮企业的竞争力。同时，中国烹饪协会还与世界各地的中餐行业组织保持密切的联系，通过组织各种形式的行业交流和技术交流活动，不断弘扬中华烹饪文化，提高中餐在世界上的地位和影响，为中国餐饮业的国际化和现代化而努力。

6.2 非政府组织对食品安全规制作用的博弈分析

为了防止食品安全规制出现市场失灵和政府失灵"双重失灵"这一难题，我国引进第三方非政府组织参与食品安全规制。涉及食品安全的行业非政府组织有很多，例如，食品行业协会、质量检测机构、中国奶业协会等。这里我们用具有代表性的食品行业协会来进行博弈分析。

6.2.1 博弈分析的目的

1. 改进市场失灵

（1）博弈分析的主要目的是通过食品行业协会和食品生产者之间的博弈，分析非政府组织参与食品安全规制对市场失灵的改进作用。

（2）食品行业协会和食品生产者之间是不断调整的动态博弈关系。

（3）博弈分析可以避免市场主体因为垄断等造成的市场失灵。

2. 改进政府失灵

（1）规制的主体基本由政府担任，避免政府在规制中的寻租现象。

（2）避免政府在规制中的低效现象。

6.2.2 模型假设

1. 有限期博弈假设

因为技术是不断革新的，食品安全标准也要随之更新，所以它们之间的博弈应该是无限期的。但是，这中间是需要时间来进行更新的，在一定的时间内食品安全标准还是保持不变的，因此在这里我们将这两者之间的博弈看成有限期的博弈。

2. 三次动态博弈

（1）假设食品行业协会和生产者进行有限期动态博弈。

（2）双方的谈判次数不超过三次。

（3）一旦第三次博弈结束，无论任何一方是否接受最后的标准，都停止博弈，采用最后一种方案。

6.2.3 模型构建

1. 设置参数

下面为后续的博弈分析设置一些基础参数，如表6-1所示。

表6-1 食品行业协会与食品生产者博弈的各参数设置

T	双方处于的博弈时期	δ_1	食品行业协会的贴现因子
x	食品行业协会的收益	δ_2	食品生产者的贴现因子
x_i	I 轮食品行业协会的收益	π_1	T 期食品行业协会的贴现值
$1-x_i$	I 轮食品生产者的收益	π_2	T 期食品生产者的贴现值

表6-1列出了模型中的各个代表数值。T 代表食品行业协会和生产者所处的博弈期，x_i 表示 I 轮食品行业协会的收益，$1-x_i$ 表示 I 轮食品生产者的收益，$1-x_1$ 和 x_1 分别表示食品行业协会出价时食品生产者和食品行业协会的收益，$1-x_2$ 和 x_2 分别表示食品生产者出价时食品生产者和食品行业协会的收益，双方的贴现因子分别是 δ_1 和 δ_2。

2. 模型公式

博弈在 T 时期结束时，食品行业协会和食品生产者的贴现值分别是各自贴现因子与当期收益的乘积，即 $\pi_1 = \delta_1{}^{T-1} x_i$，$\pi_2 = \delta_2{}^{T-1} (1-x_i)$。

6.2.4 博弈过程分析

1. 博弈过程图

假设中提到过，博弈双方最多进行三次协商，第三次协商后，无论双方是否接受，都停止博弈。博弈过程如图6-2所示。

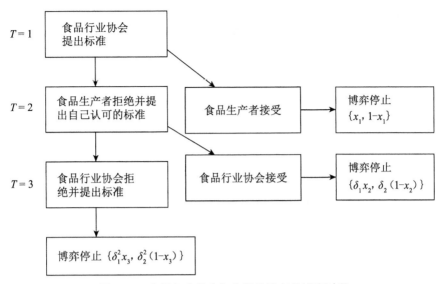

图 6 - 2　食品行业协会与食品供给者的博弈过程

2. 博弈步骤分析

（1）第一轮出价。第一轮博弈开始，食品行业协会先提出一项其认为有利于双方共同发展以及行业发展的食品安全标准，供生产者权衡。那么，就有两种情况：一是食品生产者同意该标准，则这时食品行业协会的收益是 x_1，食品供给者获得的收益是 $1-x_1$，博弈停止；二是食品生产者拒绝该标准，则继续进行第二轮出价。

（2）第二轮出价。食品生产者在上一轮拒了行业协会提出的标准，结合自身利益考虑后，提出一项新的更能够满足自己需求的标准，供食品行业协会选择。那么，也有两种情况：一是行业协会接受该标准，此时其贴现值是 $\delta_1 x_2$，而生产者获得的贴现值是 $\delta_2(1-x_2)$，博弈停止；二是食品生产者拒绝该提议，则博弈为均衡，继续第三轮出价。

（3）第三轮出价。经过前两轮的出价，食品行业协会拒绝了生产者在第二轮中提出的新标准，重新提出第三项新标准。因为是第三轮出价，无论该标准是否被生产者接受，最终都将采用该标准。这时食品行业协会的收益是 $\delta_1^2 x_3$，食品生产者的收益是 $\delta_2^2(1-x_3)$，博弈停止。

6.2.5　博弈结果分析

1. 第二轮结果分析

（1）从博弈的过程可以看出，在第二轮出价时，食品生产者提出对自己更有利的食品安全标准,如果食品行业协会接受的话,那么它的收益就是 $\delta_1 x_2$。食品行业协会经过权衡,来选择接受或者拒绝。

(2)达到均衡的条件。按照双方各自的权衡决策,对行业协会来讲,只有第二轮出价后的利益大于第一轮,它才会选择接受该项标准。这时的表达式为 $\delta_1 x_2 \geqslant x_1$,博弈结束。

2. 第三轮结果分析

相似地,在第三轮结束后,当 $1-x_1 \leqslant \delta_2^2 (1-x_3)$ 时,生产者就会同意行业协会所提出的安全标准。

(1)$T=3$ 时,食品行业协会出价,收益必为 $(1,0)$,则其贴现为 $T=2$ 的值为 $(\delta_1^2, 0)$。如果食品生产者在 $T=2$ 时出价为 $(x_2^2, 1-x_2^2)$,则该方案需要满足 $(x_2^2, 1-x_2^2) \geqslant (\delta_1, 0)$,即 $1-x_2^2 \geqslant 0$,$x_2^2 \geqslant \delta_1$,因此,食品生产者的出价方案为 $(\delta_1, 1-\delta_1)$。

(2)$T=1$ 时,食品生产者的出价方案贴现为 $[\delta_1^2, \delta_2(1-\delta_1)]$,食品行业协会的出价方案需满足 $(x_1^1, 1-x_1^1) \geqslant [\delta_1^2, \delta_2(1-\delta_1)]$,即 $x_1^1 \geqslant \delta_1^2$,$1-x_1^1 \geqslant \delta_2(1-\delta_1)$。

又因为 $1-x_1^1 \geqslant \delta_2(1-\delta_1)$ 等价于 $x_1^1 - [1-\delta_2(1-\delta_1)] = (1-\delta_1)(1+\delta_1-\delta_2) > 0$,所以食品行业协会在最开始的最优出价 $\pi_2(\delta_1, \delta_2) = x_1^1 = 1 - \delta_2(1-\delta_1)$,这时,生产者接受对方提出的标准,因此,其会获得最大利益,并且是在第二轮之后它所能获得的最大收益。

(3)食品行业协会和食品生产者双方都期望获得自身所能得到的最大利益,因此在每一轮标准提出后的都会权衡利益,进行博弈,从而确定最优策略,直到双方的收益分别是 $1-\delta_2(1-\delta_1)$ 和 $\delta_2(1-\delta_1)$ 时,达到博弈均衡。在双方的合作中,食品生产者的行为会受到食品行业协会的监督,二者共同努力、相互协调,最后一起分享合作带来的收益。

6.2.6 博弈结果的意义

至此,从博弈的结果来看,很明显,食品行业协会代表的非政府组织参与规制后,对食品生产者起到了显著的协调制约作用,极大地避免了其作为经济人为了谋求利益最大化而与政府合谋,生产出不符合食品安全标准的食品,损害公民及国家的利益情况。同时,与生产者直接协调,也能使其较为稳妥地接受,进一步保障其生产的食品质量安全。

6.3 发达国家非政府组织在食品安全规制中的经验总结

从经济学的角度看,发达国家造成食品安全问题的重要原因在于其公共物品的属性、信息不对称、外部性造成的市场失灵。政府的干预也没能规避市场失灵，而是又产生了政府失灵的现象。因此，具有非营利性、民间性、志愿性的第三方组织，即食品行业的非政府组织角色的必要性由此显现。成本低、效率高、资源优的独特优势，使非政府组织充当了政府与消费者之间良好的桥梁角色，为政府分担压力的同时，通过得天独厚的优势，可以直接获取一手资料并传递给政府、生产者和消费者，满足他们的需求，其基于强大的资源获取能力、专业的技术性支持、高效率的规制水平，成为食品安全规制的重要组成部分。

但是，相较于国外，我国的非政府组织还不够独立，并且由于我国的国情及政策限制，其也不会完全独立于政府，因此参与食品安全规制的组织需要与政府协调合作，进行及时有效的沟通，确保共同提高治理效率。另外，我国的食品第三方机构在民众的认知度、宣传广度、治理深度、组织管理机制的完善上还有很大的提高空间，我们应借鉴发达国家食品行业非政府组织的相关经验，结合自身国情，促使我国的食品安全问题早日得到改善。

借鉴国外食品行业协会参与食品安全规制的模式，对我国食品行业协会的发展有着重要的意义。这里以具有代表性的美国、荷兰和日本为例加以介绍。

6.3.1 美国

美国拥有超前的科技水平、完善的法律体系，与我国相比，其食品行业协会各方面发展比较完善，特别是美国大豆协会，享有国际盛誉。包括美国在内的发达国家，几乎所有的企业都会归属到一个或几个行业协会，成为会员，遵守协会规则，在自我约束的同时约束其他同行，有效地避免失灵现象。

1. 行业协会数量多

作为最发达的国家之一，美国国内行业协会的数量以及涉及的种类多而广。根据资料数据，美国共有 18000 多个行业协会组织。所有的行业协会都具有自愿性、自发性和非营利性的特点。

2. 行业规制有效

美国大豆协会于 1920 年成立。美国大豆协会的组成人员主要包括大豆种植业主、大豆行业的资深人员、临时会员以及相关公司或机构，还设置了专门的委员会。当前，美国大豆协会遍布 30 个州，共成立 26 个州级大豆协会，共有约 32000 人的会员，在美国以外的海外地区还设有 14 个办事处，在中国的北京和上海均设有美国大豆协会的办事处。

美国大豆协会除了具有高度自治性并且独立于政府的特点之外，还具有工作效率高的特点。美国政府不会对其进行任何决策的干预或经费资助，只会在税费上给予一定的优惠政策。协会的经费来源于大豆种植业主自发建立的基金会"大豆缴款计划"和农业部市场推广计划拨给协会的经费。为了维护业主利益，美国大豆协会充分发挥桥梁作用，积极与政府沟通，把行业会员的利益反映到政府的各项有关政策中。协会特别重视大豆的质量，并且会激发种植业主对大豆质量安全的重视。协会及相关部门不仅每年都会公布年度大豆质量检测结果，每周或每月还会向国际公布国内和世界大豆的产量、进出口量、需求量等有价值的信息。其具有的自发性、高度的自治性并且经费自理的规制模式，充分地发挥了桥梁作用，有效地实现了行业规制。

6.3.2 荷兰

荷兰是世界上最大的食品出口国之一，行业协会是荷兰食品工业的中流砥柱，发挥着举足轻重的作用。荷兰食品行业协会的模式已经成为世界各国学习的对象。

1. 法律体系完善

荷兰的相关法律规定，每个企业都必须加入一个行业协会，因此不同的企业会根据自身的属性归类到相应的行业协会，荷兰国内的行业协会覆盖了食品工业的各个领域，并且，协会对食品工业的每个环节，都有一套严格的质量安全标准。在食品的整个生产过程中，不论是种植、养殖还是加工、运输、销售，严格的标准贯彻到每一个环节中。生产过程中的管理沟通工作，都由行业协会完成，由此看出，行业协会有着不可忽视的作用。

2. 行业内规定完善

与美国相似，荷兰的政府与行业协会是指导关系，政府不会对行业协会进行过度干涉，只会制定相关的政策，行业协会享有高度的自治性、独立性。所有的会员都需要缴纳会费，并且受行业协会的严格规制。协会内各项规章由其自身商量订立，不受政府干涉。如果有会员企业违反其规章，协会会立即报给政府，由政府对其进行处罚。政府可以通过行业协会将政策传达给各个企业，省时省力，这为政府节约了规制成本，同时政府还提高了办事效率。

6.3.3 日本

日本十分重视消费者的权益。日本"全国消费者协会"成立于1961年，其一直致力于商品的质量调查，并且将调查结果公平、公正、公开地提供给广大公众，使民众了解到真实的商品信息，有效地解决了信息不对称的问题。同时，日本的很多地方都设置有专门的生活中心，为消费者提供便利。人们在这里不是解决纠纷，而是接受能够提高消费质量的教育和引导。这是因为，日本完善的法律体系使得消费市场已经趋于规范，人们更需要关心的不再是物品的质量问题，而是把焦点放在了商品的创新和吸引力的大小上。

1. 法律体系健全

日本食品安全规制法律体系分为三个层次：一是国家关于食品安全的基本法律，即《食品卫生法》和《食品安全基本法》，前者提出了对食品生产运输等过程的卫生规定，后者则确定了各个规制部门执行工作的要求和原则，另外，法律也确立了供应链的规制和消费者至上的理念；二是根据国家法律订立并由内阁通过的法令，如《食品安全委员会令》等；三是根据国家法律和内阁法令，由各个省订立的法律性文件，如《食品卫生法实施规则》等。日本整个法律体系覆盖了食品的生产、流通环节。

2. 规制体系健全

日本自从颁布了《食品安全基本法》后，还成立了食品安全委员会，形成了以食品安全委员会、农林水产省和厚生劳动省为主的更趋向于集中管理的国家食品安全管理体系。

食品安全委员会隶属于内阁，其作用是进行食品的质量风险评估，并将结果直接反馈给内阁。其下设有事务局和专门调查会，分别进行检查、评估工作。厚生劳动省负责风险管理的执行，下设医药安全局，用来执行主要管理工作，同时，其有关食品安全风险评估的职能被剥离。农林水产省则主要进行农、渔等产品的卫生检查工作。

6.4 提高非政府组织对食品安全规制作用的政策建议

虽然非政府组织的地位已经逐渐引起我国政府的重视，但是与其他发达国家相比，我国的非政府组织体系尚未发展成熟，还存在诸多问题。提高非政府组织对食品安全规制的作用，是改善我国食品安全规制的重要内容。根据对我国食品安全规制的经济学分析，纵观我国食品安全规制的现状，应该从以下几个方面完善我国食品安全规制。

6.4.1 为非政府组织提供健全的法律和制度

从前文总结的美国、荷兰、日本这些发达国家的非政府组织在食品安全规制中的经验来看，它们都有一个共同的特点，就是有着发展成熟、完善的食品安全法律体系，为非政府组织发挥作用提供了良好的法律制度环境。对比来看，我国的法律体系在这方面还未成熟。由于我国国情特殊，在健全相关法律体系的同时，增强非政府组织相关法规的可操作性便显得十分重要。

（1）应该完善《中华人民共和国食品安全法》等法律制度，主要是在一些细则上做相关的修正。

（2）健全针对非政府组织的社会保障制度十分必要，包括非政府组织成员的社会保险、医疗保险等，确保成员的保障落实到位，以保持人才的稳定性。

（3）要通过法律的方式给予非政府组织一定的权限，给予其工作的职能，使其人员履行工作的义务，确保其社会地位的稳定。在服务的过程中，非政府组织树立起良好的形象，也能够大大增强企业及公众对其的接受度，同时增强可信度，政府的权威也将逐渐回升。

（4）明确行业内的行规十分重要。要确保行业内有激励、奖惩制度，制定合理的章程与机制，要求会员企业严格遵守组织内规定，对违规会员做出相应的处罚。

6.4.2 加强非政府组织自身建设

从博弈结果来看，尽管最后的结果是使生产商和非政府组织达成共识，但是期间非政府组织自身必须具备设置足够合理的食品安全生产标准的能力，一旦其提出的食品安全生产标准使生产商有了可乘之机，没有达到制约的目的，那么非政府组织的作用就不能显现出来。另外，要杜绝非政府组织自身与企业的合谋，如果非政府组织丢失了非营利性的本质，出现道德风险问题，那么就会造成与政府失灵同样的结果。因此，为了确保非政府组织有足够的能力，加强非政府组织的自身建设异常重要。

1. 明确职能

想要做好工作，非政府组织就必须明确自己的职责所在。非政府组织最大的作用在于充当中介的角色，在政府和消费者乃至生产者之间帮其进行良好的沟通，那么非政府组织就要培养自身在各个组织与政府之间的信息交换能力，建立起良好的信任合作关系，打造双赢局面。作为消费者的委托人，非政府组织要能够敏锐地了解到民众的需求，并且发现问题后要及时地反馈给政府，通过政府政策的制定，惠及于民。工作中，应努力保持公平、公正、公开、透明，尤其是财政方面，提高民众对非政府组织的信任度。同时，提高办事效率，不仅要明确各个成员的分工，也要合理地分配工作，避免工作重叠。这样，非政府组织才能够扮演好桥梁的角色，实现多方共赢的结果。

对食品产业来说，安全管理是一个需要投入大量人力、物力的行业管理行为，但对于处于社会中间组织内部的相关生产企业来说，食品安全管理是他们经营行为的一部分。行业协会的成员来自食品产业链条中的相关企业或者研究机构，关于食品安全，他们比政府和消费者具有更强的信息优势，行业协会作为食品行业的代表，可通过协调、沟通、服务等方式与政府进行交涉与沟通，以达到为协会成员谋取合法权益的目的，在行业自律和引导消费等方面发挥积极的作用，从而减少食品市场中相关利益者间存在的信息不对称问题。

2. 提升专业化水平

非政府组织成员的专业化水平会影响到组织的公信度。发达国家的非政府组织一般都具有较强的专业水平，这不但体现在资源分配能力上，还体现在科学技术的专业性上，例如，食品的质量检测。这类专业的数据结果不仅能体现非政府组织的工作能力，还能为消费者提供专业、客观的数据和评价，帮助其进行选择，此外，还能提高组织的威信。而专业水平的提高，要求非政府组织创造良好的形象，这样在招揽人才时才能够有较强的吸引力。同时，在日常的工作中，要加强对人员的专业培训，不断提升团队的专业性、管理能力及道德修养。例如，通过组织会员对行业规范标准、先进技术的培训与学习，以提升会员企业的食品安全意识，并使其掌握先进的生产技术与工艺。

为提高社会中间组织的规制能力和专业技术水平，应当引进发达国家先进的评级制度来评定社会中间组织的专业资格和能力。具体到企业的微观操作层面，对于大型食品生产企业，建立全面的质量安全体系可以有效降低食品安全风险，如建立当前最先进、有效的食品安全控制体系——HACCP 体系。HACCP 体系是对包括原（辅）材料投入生产、食品加工、流通乃至消费中的每一个环节的危害因素进行分析与控制，对控制效果进行验证并将结果反馈到最初控制环节的完整系统，因此，HACCP 体系实际上就是一套包含风险评估和风险管理的控制程序体系。对于中小规模的食品生产企业来说，采用 GMP 等安全控制体系则更加现实。GMP 是为保障食品安全、质量而制定的一系列措施、方法和技术要求，其贯穿于食品生产全过程，主要内容是制定企业标准的生产过程、设定生产设备的良好标准、规定正确的生产知识和严格的操作规范以及完善的质量控制和产品管理，以防止出现质量低劣的产品，保证产品质量。

3. 加强非政府组织的廉洁自律建设

从博弈的结果来看，想要最终的博弈达成一个双方都能够获得较大利益的情况，非政府组织必须廉洁自律。如果非政府组织做不到廉洁自律，就会出现道德风险和信任危机，导致非政府组织非但不能和生产商进行良好的博弈，反而出现与生产商合谋的现象。因此，加强自律对非政府组织来说非常重要。首先，非政府组织要在各方获得权威性、可信度，就要提高自己内部人才的专业性，更重要的是必须不断加强组织内的道德建设。其次，非政府组织的经费来源于政府的政策支持和民众的募捐，用双方的服务费用，既能帮助政府履行部分规制职能，又能帮消费者维护自身权益，提供商品信息和质量检查结果。要想赢得双方的信任，就要杜绝欺上瞒下、徇私舞弊等现象。最后，非政府组织的道德建设也会促使食品行业市场竞争的公平。

要建立起行业内部自律机制，非政府组织往往是由食品生产企业自发组织的，以一个共同的目标组成的集体，在这个共同目标下，通过制定相应的章程与机制来实现其有效运作。一方面，要求每个会员必须严格遵守组织制度，同时组织可以对违规企业会员进行处罚；另一方面，要建立起外部监督约束机制，给予社会中间组织相应的来自政府、社会媒体和消费者等方面的外部压力与监督，防范社会中间组织出现机会主义行为和道德风险。

参考文献

[1] ANNE WILEOCK, MARIA PUN, JOSE PH KHANONA, et al. Consumer Attitudes, knowledge and Behaviour: a Review of Food Safety Issues [J]. Trends in Food Science and Technology. 2004 (15): 56 - 66.

[2] ANNEMENTTE NIELSEN. Coniestingeom Petenee-Change in the Danish Food Safety System [J]. A P Petite. 2006 (47): 143 - 151.

[3] J NOSUCH. The Food Safety Regulation in the Meat Industry [J]. Journal of Agriculture Economies, 2000 (82): 310 - 322.

[4] ANOW K J. Benefits - Cost Analysis in Environmental Health and Safety Regulation: a Statement of Principles [M]. Washington D. C. the AEI Press, 2006.

[5] BOHY UN CHO, NEAL H. HOOKER. Comparing Food Safety Standards [J]. Food Control, 2008 (1): 10 - 18.

[6] BOHY UN CHO, NEAL H. HOOKER. The Opportunity Cost of Food Safety Regulation [J]. Agricultural, Environmental and Development Economies, 2004 (3): 13 - 34.

[7] BROWN A B. Cigarette taxes and smoking restriction: Impacts and Policy implementation [J]. American Journal of Agricultural Economies, 1995 (77): 946 - 951.

[8] BUSBY J C, ROBERTS T. Bacterial food borne disease: Medical costs and Productivity losses [J]. Agricultural Economic Report, 1996, 11 (1): 45 - 50.

[9] BUSBY J C. International Trade and Food Safety - Economies Theory and Case Studies [J]. Agricultural Economy Report, 2003 (3): 8 - 28.

[10] CAO K, MAURER, SERIMGEOUR E, Dake C. Estimating the Cost of Food Safety Regulation to the NewZeal and Seafood industry [J]. Australian Agribusiness Review, 2005 (13): 10 - 19.

[11] CHARLIER C, VALCESCHINI E. Coordination for trace ability in

the food chain. A critical appraisal of European regulation [J]. European Journal of Law and Economics, 2008 (12): 13 - 28.

[12] CROPPER ML, WE OATES. Environmental economics: a survey [J]. Journal of Economic Literature 1992 (30): 675 - 740.

[13] CRUTEHFIELD R, BASBY J C, ROBERTS T, et al. An Economic Assessment of Food Safety Regulations: the New Approach to Meat and The Colombian Poultry Industry [J]. Food Control, 2005: 87 - 92.

[14] DANE BERN. Developing and Implementing HACCP in the USA [J]. Food Control, 1998 (9): 91 - 95.

[15] CASWELL J, BRADAWL M, Hooker N. How Quality Management Systems are Affecting the Food Industry [M]. Review of economy, 2002: 547 -557.

[16] DEAN K H. HACCP and food safety in Canada [J]. Food Technology, 1990, 24 (5): 48 - 59.

[17] DAVIS GC, ES PINOA M C. A Unified Approach to Sensitivity Analysis in Equilibrium Displacements Models [J]. American Journal of Agricultural Economies, 1998 (24): 868 - 879.

[18] ERIN HOLLERAN, MAURY E BREDAHL, LOKMAN ZAIBET. Private incentives for adopting food safety and quality assurance [J]. Food Policy, 1997 (24): 669 - 683.

[19] SJ GROSSMAN, JE STIGLITZ. On the impossibility of informati onally efficient markets [J]. The American Economic Review, 1981 (9): 129 - 143.

[20] JE EHIRI, GP MORRIS, J MCEWEN. Evaluation of a food hygiene training course in Scotland [J]. Food Control. 1997 (17): 239 - 258.

[21] ERIN HOLLERAN, MAURY E BREDAHL, LOKMAN ZAIBET. Private incentives for adopting food safety and quality assurance [J]. Food Policy, 1997 (24): 669 - 683.

[22] S HENSON, G HOLT, J NORTHEN. Costs and benefits of implementing HACCP in the UK dairy processing sector [J]. Food Control, 1999 (12): 92 - 109.

[23] M I KAMIEN, N LSCHWARTZ. Market Structure and Innovation: A Survey [J]. Journal of Economic Literature, 1975 (12): 39 - 47.

[24] J R HICKS. Mr. Keynes and the "Classics": a Suggested Interpretation [J]. Econometrica: Journal of the Econometric Society, 1937 (7): 12 - 39.

[25] J SCHMOOKLER. Economic Sources of Inventive Activity [J]. The Journal of Economic History, 1962 (9): 65 – 83.

[26] G DOSI. Sources, Procedures, and Microeconomic Effects of Innovation [J]. Journal of Economic Literature, 1988 (11): 45 63.

[27] D MOWERY, N ROSENBERG. The Influence of Market Demand Upon Innovation: a Critical Review of Some Recent Empirical Studies [J]. Research Policy, 1979 (06): 56 – 79.

[28] D J FINNEY. Was this in Your Statistics Textbook? V. Transformation of Data [J]. Experimental Agriculture, 1989 (2): 120 – 136.

[29] D GALE, JOHNSON. Agriculture in the Centrally Planned Economies [J]. American Journal of Agricultural Economics, 1982 (3): 79 – 101.

[30] A SEN. Ingredients of Famine Analysis: Availability and Entitlements [J]. The Quarterly Journal of Economics, 1981 (5): 91 – 119.

[31] A SEN. The Living Standard [J]. Oxford Economic Papers, 1984: 37 – 61.

[32] JOACHIM VON BRAUN. Improving Food Security of the Poor: Concept, Policy, and Programs [M]. Washington, D. C.: International Food Research Institution, 1992: 256 – 391.

[33] VANDANA SHIVA. Agricultural Biodiversity, Intellectual Property Rights and Farmers Rights [J]. Economic and Political Weekly, 1996 (10): 34 –69.

[34] J S MILL. Principles of Political Economy with Some of Their Applications [J]. Social Philosophy, 1848 (2): 21 – 29.

[35] A C PIGOU. Co-operative Societies and Income Tax [J]. The Economic Journal, 1920 (9): 21 – 29.

[36] J E MEADE. External Eeconomies and Diseconomies in a Competitive Situation [J]. The Economic Journal, 1952 (12): 23 – 41.

[37] G HARDIN. The Competitive Exclusion Principle [J]. Science, 1960 (9): 21 – 43.

[38] S LARSEN, W BRUN, T DGAAR, et al. Subjective Food — risk Judgements in Tourists [J]. Tourism Management, 2006 (9): 12 – 39.

[39] M ROTHSCHILD, J STIGLITZ. Equilibrium in Competitive Insurance Markets: An Essay on the Economics of Imperfect Information [J]. Uncertainty in Economics, 1978 (7): 98 – 121.

[40] J M ANTLE, G HEIDEBRINK. Environment and Development: Theory and International Evidence [J]. Economic Development and Cultural Change, 1995 (4): 603 - 625.

[41] P NELSON. Information and Consumer Behavior [J]. Journal of Political Economy, 1970 (4): 21 - 29.

[42] J A CASWELL, DI PADBERG. Toward a more comprehensive theory of food labels [J]. American Journal of Agricultural, 1992 (9): 53 - 82.

[43] H VON WITZKE. A Model of Income Distribution in Agriculture: Theory and Evidence [J]. European Review of Agricultural Economics, 1984 (9): 129 - 142.

[44] M HANF. The Arable Weeds of Europe with Their Seedlings and Seeds. [M]. Hadleigh, Suffolk: BASF, 1983: 397 - 458.

[45] W E CASWELL. Asymptotic behavior of non-abelian gauge theories to two-loop order [J]. Physical Review Letters, 1974 (11): 56 - 72.

[46] W K VISCUSI. The Impact of Occupational Safety and Health Regulation [J]. Bell Journal of Economics, 1979 (12): 76 - 89.

[47] K R KEISER. The new regulation of health and safety [J]. Political Science Quarterly, 1980 (8): 19 - 34.

[48] ARROW K J. Benefits-Cost Analysis in Environmental Health and Safety Regulation: a Statement of Principles [Ml. Washington D. C. the AEI Press, 1996: 31.

[49] J M ANTLE. Econometric estimation of producers' risk attitudes [J]. American Journal of Agricultural Economics, 1987 (6): 34 - 60.

[50] E HOLLERAN, M E Bredahl, L Zaibet. Private incentives for adopting food safety and quality assurance [J]. Food policy, 1999 (8): 39 - 59.

[51] [日] 斋藤优. 日本企业成长的技术战略 [M]. 关保儒, 译. 北京: 科学技术文献出版社, 1986: 239 - 381.

[52] 吴泳. 从执政为民谈食品安全 [J]. 南平师专学报, 2003 (2): 87 - 103.

[53] 丹尼尔·F. 史普博. 管制与市场 [M]. 上海: 上海人民出版社, 1999.

[54] 樊纲, 等. 公有制宏观经济理论大纲 [M]. 上海: 上海人民出版社, 1994.

[55] 管恩平, 周长桥. 我国 2006 年出口日本食品安全问题与对策 [J]. 中国食品工业, 2007 (3): 31 - 48.

［56］黄新华．政府经济学［M］．福州：福建人民出版社，2000．

［57］金征宇．食品安全导论［M］．北京：化学工业出版社，2005．

［58］安福仁．中国市场经济运行中的政府干预［M］．大连：东北财经大学出版社，2001．

［59］鲍德威·威迪逊．公共部门经济学［M］．北京：中国人民大学出版社，2000．

［60］布坎南．自由、市场和国家［M］．北京：北京经济学院出版社，1988．

［61］蔡立辉．政府法制论［M］．北京：中国社会科学出版社，2002．

［62］曹沛霖．政府与市场［M］．杭州：浙江人民出版社，1998．

［63］陈富良．我国经济转轨时期的政府规制［M］．北京：中国财政经济出版社，2000．

［64］陈富良．放松规制与强化规制［M］．上海：上海人民出版社，2001．

［65］郑南．关于转基因问题的争论与思考［J］．楚雄师范学院学报，2014，29（18）：15－24．

［66］陈锡文，邓楠．中国食品安全战略研究［M］．北京：化学工业出版社，2004．

［67］黄季焜，胡瑞法，张林秀，等．中国农业科技投资经济［M］．北京：中国农业出版社，2000．

［68］施蒂格勒．产业组织和政府管制［M］．上海：上海人民出版社，1996．

［69］斯蒂格利茨．政府为什么干预经济［M］．北京：中国物资出版社，1998．

［70］汤敏，茅于轼．现代经济学前沿专题（第二集）［M］．北京：商务印书馆，2002．

［71］王俊豪．政府管制经济学导论——基本理论及其在政府管制实践中的应用［M］．北京：商务印书馆，2001．

［72］王俊豪．中国政府管制体制改革研究［M］．北京：经济科学出版社，1999．

［73］王俊豪，等．现代产业组织理论与政策［M］．北京：中国经济出版社，2000．

［74］王红玲．当代西方政府经济理论的演变与借鉴［M］．北京：中央编译出版社，2003．

［75］谢地．政府规制经济学［M］．北京：高等教育出版社，2003．

［76］休·史卓顿，莱昂内尔·奥查德．公共物品、公共企业和公共选择——对政府功能的批评与反批评的理论纷争［M］．北京：经济科学出版社，2000.

［77］余晖．政府与企业：从宏观管理到微观管制［M］．福州：福建人民出版社，1997.

［78］约翰·D. 海．微观经济学前沿问题［M］．北京：中国税务出版社，2000.

［79］张昕竹．中国基础设施产业的规制改革与发展［M］．北京：国家行政学院出版社，2002.

［80］张昕竹．中国规制与竞争：理论和政策［M］．北京：社会科学文献出版社，2000.

［81］张维迎．博弈论与信息经济学［M］．上海：上海人民出版社，1999.

［82］张曙光．中国制度变迁的案例研究（第二集）［M］．北京：中国财政经济出版社，1999.

［83］林毅夫．制度、技术与中国农业发展［M］．上海：上海三联书店，1992.

［84］罗伯特·考特，托马斯·尤伦．法和经济学［M］．上海：格致出版社，1999.

［85］玛丽恩·内斯特尔．食品安全［M］．北京：社会科学文献出版社，2004.

［86］毛寿龙．有限政府的经济分析［M］．上海：上海三联书店，2000.

［87］吉帕·维斯库斯，等．反垄断与管制经济学［M］．北京：机械工业出版社，2004.

［88］青木昌彦．比较制度分析［M］．上海：上海远东出版社，2001.

［89］植草益．微观规制经济学（中译本）［M］．朱绍文，译．北京：中国发展出版社，1992.

［90］周其仁．数网竞争［M］．上海：生活·读书·新知三联书店，2001.

［91］宋秀娟．农户种植转基因大豆的意愿、效益及风险研究［D］．哈尔滨：东北农业大学，2016.

［92］赵林度．食品安全与风险管理［M］．北京：科学出版社，2009.

［93］爱德华·L. 格莱泽，安德烈·施莱弗．监管型政府的崛起［M］．北京：中信出版社，2002.

［94］夏大慰，史东辉．政府规制：理论、经验与中国的改革［M］．北京：经济科学出版社，2003.

［95］浙江财经学院，中国（海南）改革发展研究院．中国：政府管制体制改革［M］．北京：中国经济出版社，2007.

［96］张志健．食品安全导论［M］．2 版．北京：化学工业出版社，2015.

［97］王竹天，王君．食品安全标准实施与应用［M］．北京：中国质检出版社，2015.

［98］姚耀军．转轨经济中的农村金融：管制与放松管制［J］．财经科学，2005（7）：21－35.

［99］牛若峰．农业产业化经营发展的观察和评论［J］．农业经济问题，2006（3）：27－32.

［100］朱希刚．我国"九五"时期农业科技进步贡献率的测算［J］．农业经济问题，2002（7）：29－36.

［101］冯之浚．国家创新体系的理论与政策［M］．北京：经济科学出版社，1999.

［102］毕金峰，魏益民，潘家荣．欧盟食品安全法规体系及其借鉴［J］．中国食物与营养，2005（3）：39－52.

［103］张菊梅，吴清平，吴慧清，等．食品企业实施 HACCP 存在的主要障碍［J］．食品工业科技，2004（10）：59－68.

［104］张福瑞．对卫生防疫站职能的再认识［J］．中国公共卫生管理，1991（4）：32－49.

［105］戴志澄．中国卫生防疫体系五十年回顾——纪念卫生防疫体系建立 50 周年［J］．中国预防医学杂志，2003（8）：49－61.

［106］徐维光，段华瑶，黄士雄，等．食品从业人员健康体检质量和效益的分析［J］．中国食品卫生杂志，1992（2）：33－42.

［107］陈敏章．贯彻全国科技大会精神促进卫生科技进步——在全国卫生科学技术大会上的讲话［J］．中华医学科研管理杂志，1995（4）：35－51.

［108］彭东昱．法律能否防止"三鹿事件"重演——聚焦食品安全法三审［J］．中国人大，2008（21）：21－32.

［109］董秀金，王小骊，叶雪珠，等．构建我国食品安全监管体系的研究［J］．安徽农业科学，2007（32）：45－61.

［110］郭爽，李永平．澳门食品安全管理透视［J］．中国食品药品监管，2007（4）：32－41.

［111］顾宇婷，施晓江．食品供应链环节的监管博弈［J］．中国食品药品监管，2005（7）：12－19.

［112］陈君石．食品安全——中国的重大公共卫生问题［J］．中华流行病学

杂志，2003（8）：37－48.

　　[113] 王俊豪．自然垄断产业市场结构重组的目标、模式与政策实践 [J]. 中国工业经济，2004（1）：27－42.

　　[114] 卢良恕. 21 世纪我国农业科学技术发展趋势与展望 [J]. 中国农业科学，1998（2）：29－41.

　　[115] 杨柳．我国食品安全责任保险研究 [J]. 山东社会科学，2012（6）：59－65.

　　[116] 徐晓新．中国食品安全：问题、成因、对策 [J]. 农业经济问题，2002（10）：29－31.

　　[117] 王志刚．食品安全的认知和消费决定：关于天津市个体消费者的实证分析 [J]. 中国农村经济，2003（4）：78－93.

　　[118] 周洁红，姜励卿．食品安全管理中消费者行为的研究与进展 [J]. 世界农业，2004（10）：21－31.

　　[119] 周洁红，钱峰燕，马成武．食品安全管理问题研究与进展 [J]. 农业经济问题，2004（4）：48－59.

　　[120] 周婷，王宪．食品安全控制浅论 [J]. 中国公共卫生管理，2005（3）：11－19.

　　[121] 郑风田，赵阳．我国农产品质量安全问题与对策 [J]. 中国软科学，2003（2）：23－30.

　　[122] 张永建，刘宁，杨建华．建立和完善我国食品安全保障体系研究 [J]. 中国工业经济，2005（2）：32－46.

　　[123] 叶永茂．中国食品安全监管现状及发展趋势 [J]. 药品评价，2004（5）：11－23.

　　[124] 陈兴乐．从阜阳奶粉事件分析我国食品安全监管体制 [J]. 中国公共卫生，2004（10）：39－46.

　　[125] 周德翼，杨海娟．食物质量安全管理中的信息不对称与政府监管机制 [J]. 中国农村经济，2002（6）：11－19.

　　[126] 张云华，孔祥智，罗丹．安全食品供给的契约分析 [J]. 农业经济问题，2004（8）：34－56.

　　[127] 徐景和．积极探索我国食品安全监管理论体系 [J]. 中国食品药品监管，2012（6）：17－25.

　　[128] 谢敏，于永达．对中国食品安全问题的分析 [J]. 上海经济研究，2002（1）：39－51.

　　[129] 索珊珊．食品安全与政府"信息桥"角色的扮演——政府对食品安全

危机的处理模式 [J]. 南京社会科学，2004 (11)：4-19.

[130] 徐海燕，柴伟伟. 论食品安全侵权的人身损害赔偿制度 [J]. 河北法学，2013 (10)：46-58.

[131] 左京生. 建设服务型政府 深化拓展工商职能 [J]. 中国工商管理研究，2008 (12)：61-72.

[132] 韩月明，赵林度. 超市食品物流安全控制分析 [J]. 物流技术，2005 (10)：21-39.

[133] 程言清，黄祖辉. 美国食品召回制度及对我国食品安全的启示 [J]. 经济纵横，2003 (1)：59-67.

[134] 张全成. 关于"三证合一"审核模式的研究 [J]. 中国检验检疫，2002 (4)：21-38.

[135] 李玉霞. 大型会议食品安全管理模式研究 [J]. 安徽预防医学杂志，2004 (5)：19-23.

[136] 左睿. 如何在航空食品企业建立综合管理体系 [J]. 世界标准化与质量管理，2002 (4)：3-19.

[137] 陈蕙颖，朱金福. 航空食品安全体系 HACCP 的初步研究与实践 [J]. 江苏航空，2005 (3)：39-46.

[138] 邓明，李旭才，罗婵英，等. 食品卫生监督量化分级管理实施研究 [J]. 卫生软科学，2005 (1)：28-36.

[139] 周陆军，李旭. 建立食品（肉类）安全控制与追溯信息系统的模式及重要性 [J]. 肉类研究，2005 (11)：5-10.

[140] 陈兴乐，唐振柱，黄林，等. 广西 23 年食物中毒流行病学评价与干预对策 [J]. 广西预防医学，2004 (4)：39-46.

[141] 姜国辉，章伟，吴丽雅. 食品物流与安全管理信息系统之初探——对苏丹红事件的反思 [J]. 管理学报，2005 (S2)：50-63.

[142] 王晓红，高齐圣. 基于 HACCP 的食品安全管理体系中的统计过程控制研究 [J]. 食品科技，2007 (11)：41-49.

[143] 包旭云，李帮义，李惠娟. 从"苏丹红事件"看供应商管理 [J]. 企业经济，2006 (2)：5-17.

[144] 程青. 我国食品安全规制体系研究 [D]. 南昌：江西财经大学，2009.

[145] 何立胜，孙中叶. 食品安全规制模式：国外的实践与中国的选择 [J]. 河南师范大学学报：哲学社会科学版，2009，36 (4)：71-74.

[146] 李怀. 中国食品安全规制机制的构建与探索 [J]. 哈尔滨商业大学学

报：社会科学版，2008（6）：3-7.

[147] 王晓红，高齐圣．基于 HACCP 的食品安全管理体系中的统计过程控制研究 [J]. 食品科技，2007（11）：1-5.

[148] 李洁．建立和实施食品安全应急准备响应机制 [J]. 企业标准化，2007（11）：63-65.

[149] 成颂平，李新华．HACCP 与食品添加剂质量 [J]. 中国检验检疫，2007（11）：25-26.

[150] 徐锐锋，王卫华．加强化学量值溯源体系建设　提高食品安全检测水平 [J]. 中国计量，2007（11）：15-16.

[151] 陈刚，潘伟好，张楠．广州市萝岗区工厂企业配餐食品安全调查 [J]. 中国食品药品监管，2007（10）：50.

[152] 白世贞，王海滨．HACCP 原理在危险品物流安全问题中的应用 [J]. 物流科技，2007（10）：79-81.

[153] 吕恬，邵蓉．谈中国的食品安全监管 [J]. 食品与药品，2007（10）：66-68.

[154] 程静，卢业举，蒋俊树．加快食品安全关键检测技术研究　促进社会和谐发展 [J]. 中国标准化，2007（10）：19-21.

[155] 林朝辉．食品安全需要全社会共同参与 [J]. 福建质量信息，2007（10）：37.

[156] 顾振华．中国食品包装材料卫生监管及与美国、欧盟的比较 [J]. 中国食品卫生杂志，2007（5）：418-421.

[157] 杨鹭花．美国食品安全监管体系对我国的启示 [J]. 中国食物与营养，2007（9）：13-15.

[158] 师文添，江红星，金文刚，等．我国食品企业实施 HACCP 过程中存在的问题及建议 [J]. 中国食物与营养，2007（9）：29-31.

[159] 缪惟民．麦德龙成为中国首家 HACCP 认证的批发零售企业 [J]. 饮料工业，2007（9）：47.

[160] 闫庆健．食品质量安全与 HACCP 认证经典案例——HACCP 认证与百家著名食品企业案例分析评价 [J]. 农业技术经济，2007（5）：111.

[161] 李桂波，赵佩华．浅谈 HACCP 食品卫生与安全管理体系 [J]. 企业标准化，2007（9）：63.

[162] 梁立，张建浩．广东省保健食品 GMP 审查现状及问题探讨 [J]. 现代食品与药品杂志，2007（4）：77-79.

[163] 董江萍，孙利华，马坤，等．美国食品药品监督管理局药品审评和研究

中心公众共享信息披露的分析和启示 [J]. 中国药事, 2007 (8): 643-647.

[164] 陈宇. HACCP 在复合食品添加剂生产企业卫生管理中的应用 [J]. 中国卫生监督杂志, 2007 (4): 293-294.

[165] 徐萌, 陈超, 展进涛. 猪肉行业企业实施 HACCP 体系的意愿研究——基于江苏省调查数据的分析 [J]. 安徽农业科学, 2007 (23): 7325-7327.

[166] 陈孟裕, 江山宁, 翁志平. 美国食品安全体系构成特点及对我国的启示 [J]. 检验检疫科学, 2007 (4): 77-80.

[167] 王银华, 杨人忠. 不负重托——上海改革食品安全监管体制备忘录 [J]. 中国食品药品监管, 2007 (5): 11-15.

[168] 陈鹏, 曹文泽, 李伏坤. 发达国家食品信息可追踪系统的导入及启示 [J]. 科技经济市场, 2007 (3): 157-158.

[169] 徐修顺. 关注弱势群体食品安全 促进和谐社会健康发展——对青岛市弱势群体食品安全情况的调查报告 [J]. 中国食品药品监管, 2007 (2): 28-30.

[170] 孙杭生. 美国的食品安全监管体系和措施 [J]. 生产力研究, 2007 (1): 89-90, 129.

[171] 张军, 董艳萍, 彭定国. 积极探索 形成特色——宜昌市食品药品监管局夷陵区分局"两网"建设历程 [J]. 中国食品药品监管, 2006 (12): 36-38.

[172] 何正全. 欧盟新食品安全法对江苏食品出口的影响和对策 [J]. 江苏商论, 2006 (12): 80-81.

[173] 李今中. 欧盟食品新法规对我国的启示 [J]. 中国检验检疫, 2006 (11): 52-53.

[174] 袁妮, 邵蓉. 国外 HACCP 系统简介 [J]. 食品与药品, 2006 (7): 64-67.

[175] 胡晓鹏. 经济全球化与中国食品加工业的产业安全 [J]. 国际贸易问题, 2006 (2): 48-53.

[176] 桑亚新, 贾英民, 赵红梅, 等. 食品安全与管理对我国对外贸易的影响及其对策 [J]. 中国食品学报, 2006 (1): 442-445.

[177] 白丽, 马成林. 世界食品体系的结构性变动与各国的食品安全控制行动 [J]. 中国标准化, 2005 (11): 61-63.

[178] 李光德. 我国食品安全卫生政府管制变迁的特征及其完善 [J]. 经济体制改革, 2005 (5): 19-22.

[179] 李少兵, 刘冬兰. 我国食品安全政府管制存在的问题及对策分析 [J]. 商场现代化, 2005 (29): 21-22.

[180] 白丽, 马成林, 巩顺龙. 中国食品企业实施 HACCP 食品安全管理体

系的实证研究 [J].食品工业科技，2005（9）：16-18.

[181] 宋杰书.白酒酿造企业如何实施 HACCP 食品安全管理体系 [J].酿酒，2005（4）：76-78.

[182] 于海燕，罗永康，肖杨，等.生猪屠宰 HACCP 体系的建立 [J].肉类研究，2005（6）：36-38.

[183] 李井平，李光德.我国食品质量政府管制的制度经济学分析 [J].生产力研究，2005（3）：33-34；52.

[184] 冯学平.澳大利亚动植物检疫检验扫描 [J].中国检验检疫，2005（3）：25-26.

[185] 程启智，李光德.食品安全卫生社会性规制变迁的特征分析 [J].山西财经大学学报，2004（3）：42-47.

[186] 李应仁，曾一本.美国的食品安全体系（上）[J].世界农业，2001（3）：32-35.

[187] 刘新芬.从我国农业食品安全看企业对消费者的社会责任 [J].农业经济，2007（11）：38-40.

[188] 林朝辉.食品安全需要全社会共同参与 [J].福建质量信息，2007（10）：37.

[189] 刘素萍，张周建.食品卫生许可工作的几点感悟 [J].中国卫生法制，2007（5）：14，20.

[190] 刘北辰.发达国家食品安全监督管理体系概览 [J].价格与市场，2007（6）：42-43.

[191] 毛炯，程学斌，周春洪，等.应用信息化开展食品卫生监督量化分级管理研究 [J].中国卫生监督杂志，2007（2）：126-129.

[192] 刘雯，方晓阳.美国 FDA 食品管理模式 [J].中国药品监管，2004（3）：56-59.

[193] 林小晖，韩陆奇.HACCP 的由来和原则 [J].肉品卫生，2001（11）：4-5.

[194] 赵志伟.餐饮业卫生量化分级管理，为餐饮业食品安全把关 [J].中国食品，2007（12）：21-27

[195] 刘畅.日本食品安全规制研究 [D].长春：吉林大学，2010.

[196] 滕月.食品安全规制研究 [D].长春：吉林大学，2009.

[197] 滕月.美国食品安全规制风险分析的启示 [J].北方经贸，2009（1）：134-135.

[198] 时洪洋，廖卫东.食品安全规制的制度变迁——以日本为例 [J].理

论月刊，2009（1）：147－149.

［199］周峰，徐翔．欧盟食品安全可追溯制度对我国的启示［J］. 经济纵横，2007（19）：71－73.

［200］周小梅．开放经济下的中国食品安全管制：理论与管制政策体系［J］. 国际贸易问题，2007（9）：102－107.

［201］薛庆根，褚保金．美国食品安全管理体系对我国的启示［J］. 经济体制改革，2006（3）：159－161.

［202］陈君石．食品安全——中国的重大公共卫生问题［J］. 中华流行病学杂志，2003（8）：5－6.

［203］辜胜阻，黄永明．加快农业技术创新与制度创新的对策思考［J］. 经济评论，2000（6）：25－28.

［204］解宗方．农业科技创新战略探讨［J］. 科学管理研究，1999（4）：49－52.

［205］柳卸林．国家创新体系的引入及对中国的意义［J］. 中国科技论坛，1998（2）：28－30.

［206］熊敏．餐饮企业实施 HACCP 系统的基石——《餐饮业和集体用餐配送单位卫生规范》［J］. 中国食品，2005（24）：3－19.

［207］刘畅，赵心锐．论我国食品安全的经济性规制［J］. 理论探讨，2012（5）：98－101.

［208］何立胜，孙中叶．食品安全规制模式：国外的实践与中国的选择［J］. 河南师范大学学报：哲学社会科学版，2009，36（4）：71－74.

［209］程静，卢业举，蒋俊树．加快食品安全关键检测技术研究 促进社会和谐发展［J］. 中国标准化，2007（10）：19－21.

［210］吴陈赓．肯德基"苏丹红"事件中的博弈与信息不对称条件下的企业决策［J］. 金融经济，2006（4）：168.

［211］梁小萌．对外贸易中的食品安全问题及政府规制［J］. 探求，2003（6）：37－41.

［212］王春法．关于国家创新体系理论的思考［J］. 中国软科学，2003（9）：21－31.

［213］李正风，曾国屏．中国创新系统研究——技术、制度与知识［M］. 济南：山东教育出版社，1999.

［214］刘新芬．从中国农业食品安全看企业对消费者的社会责任［J］. 农业经济，2007（1）：19－25.

［215］张涛．食品安全有了制度屏障——详解食品安全法主要制度安排

[J]. 中国人大，2009 (8)：24 - 41.

　　[216] 张文学，杨立刚 . 食品安全的环境责任界定 [J]. 生态经济，2003 (1)：34 - 46.

　　[217] 钱克明 . 进一步加强和完善农产品价格调控体系 [J]. 中国经贸导刊，2010 (7)：43 - 51.

　　[218] 史贤明，索标 . 食源性致病菌分子检测技术研究进展 [J]. 农产品质量与安全，2010 (3)：36 - 41.

附　录

食品药品监管总局　科技部关于加强和促进食品药品科技创新工作的指导意见
食药监科〔2018〕14 号

各省、自治区、直辖市食品药品监督管理局、科技厅（委、局），新疆生产建设
兵团食品药品监督管理局、科技局，各有关单位：

为贯彻落实中共中央办公厅、国务院办公厅《关于深化审评审批制度改革鼓
励药品医疗器械创新的意见》（厅字〔2017〕42 号），在深化改革中切实加强食
品药品监管科技工作，以创新引领监管水平提升，进而促进食品药品行业的创新
发展，特制定本意见。

一、指导思想和基本原则

（一）指导思想

以习近平新时代中国特色社会主义思想为指导，全面贯彻落实党的十九大精
神，以及习近平总书记关于食品药品安全系列重要指示精神，把加强食品药品科
技创新作为实施科教兴国战略、人才强国战略、创新驱动发展战略、健康中国战
略、食品安全战略重要内容，加强与《"十三五"国家科技创新规划》《"十三五"
国家食品安全规划》《"十三五"国家药品安全规划》有机衔接，推进供给侧结构
性改革，满足人民群众不断增长的食品药品安全和身体健康需要。

（二）工作原则

——坚持需求导向，聚焦重点。瞄准食品药品科技发展以及人民群众日益增
长健康需要，聚焦食品安全保障、临床急需药品、创新药、先进医疗器械等方
面，加大创新支持力度，让百姓充分享受科技创新带来的福利。

——坚持立足监管科技创新，保障食品药品创新发展。通过食品药品监管科
学系统研究，推动监管技术和手段创新，不断提升食品药品科学监管的水平，使
食品药品安全得到有效保障。

——坚持协同发展，形成创新合力。充分发挥企业技术创新的主体作用，提
高企业自我检测和评价能力。利用大学、科研院所基础研究和应用研究优势，建

立多学科创新网络，充分利用社会资源，形成创新合力，提升监管水平和效率。

——坚持人才至上，打造高端人才队伍。充分发挥人才在科技创新中的核心作用以及在创新创业中的关键作用，培养和凝聚大批具有世界级水平的科技创新和审评领军人才，积极吸纳全球优秀人才，打造一支素质优良、结构合理、满足实际需求的学术和技术带头人队伍。

二、优化科技创新布局

（一）加强食品药品监管科技创新。围绕提升创新引领科学监管能力，加强监管科学学科建设发展，并以此促进食品药品科技创新能力的整体提升。国家科技计划支持国家食品、药品医疗器械监管科学研究，围绕药品医疗器械技术审评、特殊食品技术审评、食品药品快检和生物安全等领域，在标准规范、检验检测、评价评估、监督检查、过程控制、监测预警和风险交流、应急处置、智慧监管、上市后监测和再评价等方面开展研究，形成一系列新技术、新方法和新标准，强化监管制度和手段创新，解决指导原则、技术规范等共性关键技术问题，为监管决策提供技术支持。

（二）着力提升食品药品领域科技创新支撑能力。以相关国家科技计划（专项、基金等）为依托，加大对群众急需的重点药品、创新药、先进医疗器械自主创新等支持力度。重点支持食品安全保障，创新药、儿童专用药、临床急需以及罕见病治疗药物医疗器械研发，仿制药质量和疗效一致性评价和上市后药品医疗器械监测和再评价，中药创新药、民族药、天然药物、传统中成药的研发及其临床评价和质量控制技术研究等。围绕产业链部署创新链，围绕创新链完善资金链，统筹推进食品药品产品研发、生产制造、临床应用、成果转化全链条创新。

（三）建立完善科研支撑网络。加强食品药品创新领域社会资源优势集成，建立多部门、多学科联合创新网络。选择一批基础条件好、科研积极性高的食品药品监管技术支撑机构与大学、科研院所和企业等合作建立研究中心，加强国家创新药和创新医疗器械等支撑技术研究，提供药品医疗器械审评跟踪服务，建立沟通机制，助其提高科研效率、缩短研发周期；强化在检验检测、毒理学、临床试验、真实世界证据、不良反应监测、监管绩效评价、伦理审查、拓展性临床试验研究以及监管科学发展理论等方面合作，促进监管科学发展，全面提升监管技术研发水平。各省级食品药品监管技术支撑机构按照有关法律法规和相关管理规定要与大学、科研院所和企业开展人员交流互访及创新创业，加强技术储备和人才培养。

（四）引领企业提升技术创新能力。发挥企业技术创新的主体作用，以监管法规政策和相关科技计划（专项、基金）为依托，引领食品药品企业在新产品研发、工艺创新和已上市产品再评价等方面加强研究。鼓励采用新技术、新设备、新材料，对现有设施、工艺条件及生产服务等进行改造提升，指导和帮助企业提高自我检测和评价能力，增强创新和竞争能力。推进食品药品标准基础研究，充分发挥标准对企业研发的引领作用。涉及企业职务科技成果转化的，按照国家有关规定和管理制度，通过奖励和报酬等方式调动科技人员参与科技创新的积极性。

三、建设高水平科技创新基地

（一）积极推动重点实验室建设。围绕食品安全、药品医疗器械创新链及监管需求，组织食品药品监管系统相关单位参与食品药品等健康领域国家实验室和国家重点实验室建设，加强引领性原创研究、共性技术和核心技术研发和联合攻关，解决食品药品创新重大科技问题。加速推进食品药品监管总局重点实验室建设，在食品药品监管新方法、检验检测新技术、标准制修订、风险分析、预警和交流、安全性评价、应急处置等领域开展原创性研究，解决基础性、关键性、战略性技术难题，形成结构合理、层次清晰、特色突出的科技创新基地，为进一步参与建设国家重点实验室建立技术和管理储备。

（二）加强重大技术创新平台建设。优化科技创新资源配置，采取产学研结合、技术创新联盟等形式，按照共建共享的原则，选择在人才、学科和资源等方面优势单位，聚焦健康中国建设、医疗体制改革的战略需求，建设和培育一批创新药和创新医疗器械、食品安全等领域重大技术创新平台，重点在毒理学、食品安全与营养、生物安全、药品医疗器械评价等监管科学领域打造具有行业、国家和全球有影响力的食品药品科技研发高地，促进我国健康产业科技创新能力提升。

（三）协同推进国家临床医学研究中心建设。面向重大临床需求和产业化需要，国家临床医学研究中心要积极开展临床研究、学术交流、人才培养、成果转化及推广应用等工作。把临床研究中心开展药物医疗器械临床试验研究的情况纳入考核评估和管理重点，包括临床试验条件、临床试验的组织管理、研究人员、设备设施、管理制度、操作规程等。要聚焦国家药品医疗器械审评审批改革重点任务，率先运用信息化的手段，建立健全临床试验管理平台和统一的伦理审查平台，做到在临床试验数据、伦理委员会审查互认等方面数据的统一化、标准化和信息化，实现可追溯和痕迹化管理，发挥更大的示范效应和带动促进作用。

（四）加强省级科技创新基地建设。各省级食品药品监管部门、省级科技行政主管部门要围绕本省食品药品产业特色和新兴门类，共同加强顶层设计，优先考虑建设一批重点突出、特色鲜明的省级重点实验室、工程研究中心和技术创新中心等科研创新基地，开展前瞻性、基础性和应用性技术研发，推进区域创新以及食品药品产业和监管科学创新，提升整体食品药品监管科技水平。各省级食品药品监管部门和科技行政主管部门要加强资源整合，将各类科研仪器、科研设施、科学数据、科技文献、信息资料等纳入地方科技资源共享服务平台，着力解决科技资源缺乏整体布局、重复建设和闲置浪费等问题。

（五）支撑服务产业集群。围绕生物医药产业园区、食品工业园区等产业集群区，加强政策指导，按照分布推进、有序发展的原则，积极推进有条件的食品药品监管部门和技术支撑机构在产业集群区设立分支机构，建立战略合作关系和技术创新联盟，共建一批特色突出、专业优势明显的实验室，培育一批具有国际先进水平的研发、生产等为一体的开发中心，并提供检验检测、审评审批等便利服务，促进产业集群区内企业技术创新升级和产品上市，加速食品药品产业发展。

四、营造科研创新氛围

（一）促进科技成果转化。食品药品监管部门要全面落实国家促进科技成果转化等有关规定和文件精神，建立健全有关对创新药品医疗器械的政策扶持，各审评机构要加强早期介入、全程跟踪服务，及早开展与注册申请人"研审联动"，加速创新药品医疗器械研发和成果转化。各省级食品药品监管部门要建立健全系统内科技成果转化与应用管理制度，完善科技成果登记、评价、共享、收益等相关规定，建立公益性科技成果转化考核评价与激励机制，引导拥有科技成果的人员按照国家有关规定开展创新创业。支持有条件的单位开展科技成果转化为标准的试点工作，推动更多应用类科技成果转化为技术标准。

（二）建立人才激励和奖励机制。全面落实科技人员流动、创新创业等激励措施，进一步完善人才管理与服务保障制度，调动科技人员创新活力。各省级食品药品监管部门及其技术支撑机构和食品药品监管总局各有关直属单位要建立健全人事聘用、绩效考评、收入分配、成果转化收益分配、教育培训等激励机制，激发科技人员创新热情。按照有关文件规定推进中国药学会等社会力量完善科技评奖体制和机制，开展食品药品科技创新奖评选工作。

（三）加强科技和科普宣传。制定公众食品药品安全教育计划，提高公众食品药品安全意识。深入开展"科技活动周""食品安全周""安全用药月"等活动，充分利用报纸书刊、广播电视等传统媒体以及网络、"两微一端"等新媒体平台，加强对科技创新典型事迹、重大政策精神的宣传和解读力度，主动回应社会关切的热点问题。加强科学技术普及，提高全民食品药品科学素养，在全社会塑造科学理性精神，形成人人关注创新、参与创新、支持创新的良好文化氛围。鼓励市、县食品药品监管部门建设科普宣传基地。加强科研诚信和学风建设，形成风清气正的科技创新生态。

（四）深化国际交流合作。加强与有关国家、国际组织及"一带一路"沿线国家的交流，借鉴吸收先进的监管技术及经验，开展"一带一路"科技创新行动计划框架下科技人文交流、共建实验室等合作。充分发挥作为 ICH、IMDRF 等有关国际组织成员国的作用，深入参与并主导国际食品药品政策法规、技术指导原则、标准等制修订以及监管科学相关国际活动，推动和引领食品药品安全保障体系与国际接轨，提升话语权。推动并逐步实现审评、检查、检验结果和标准的国际互认。鼓励技术专家在国际组织中任职，提升在国际合作交流中的影响力。

五、加强组织保障

（一）加强组织领导。各级食品药品监管部门切实把科技创新放在保障食品安全、促进药品医疗器械创新发展的核心位置，突出科技创新在提升食品药品监管水平的引领和支撑作用。要将食品药品监管科技创新作为落实地方政府食品药品安全党政同责的重要内容，加强对食品药品科技工作的组织领导，制定实施方案，健全工作机制，抓好任务落实。完善食品药品科技创新工作考核评价和监督机制，将把对指导意见的落实情况纳入对地方相关部门的考核评价，并将考核结果作为实施奖惩的重要依据。

（二）营造科技创新政策环境。按照工作要求，抓紧修改不符合创新导向的规范性文件和制约创新的制度规定，构建综合配套精细化的法治保障体系。充分利用专利强制许可、药品医疗器械优先审评审批以及其他国家科研管理和监管制度，探索建立药品专利链接制度，开展药品专利期限补偿制度试点，推进药品上市许可持有人制度试点，建立健全促进食品药品科技创新的激励政策体系，营造完善的科技创新法治环境，让致力于科技创新者有更大的发展空间，体现科研创新价值。

（三）建立科技创新资助和管理机制。各级科技行政主管部门要重视和加强食品药品领域科学研究，在相关科技计划（专项、基金）中统筹部署。国家和省级食品药品监管部门要充分利用自身资源优势，开拓多元化资金投入渠道，加强食品药品科技创新研究。国家和省级食品药品监管技术支撑机构按照单位职能建立健全内部科技管理体系，确保有制度、有岗位、有人员，夯实科技创新主体职能基础。鼓励省级以下食品药品监管技术支撑机构在完成监管工作的前提下开展技术创新和成果转化，提升科学监管水平和监管能力。

（四）强化资源统筹合作。加强部门协同，建立科技部和食品药品监管总局部际协同机制，凝练食品药品科技需求，系统布局食品药品科技创新。省级食品药品监管部门和省级科技行政主管部门建立协同联动机制，在科研立项、科技奖励、资源共享等方面加强合作，并支持省级食品药品监管技术支撑机构纳入科研单位管理序列。

（五）培育高水平创新人才队伍。全面落实国家有关人才专项规划要求，实施"十百千"人才工程。未来 15 年，培养和造就数十名能进入世界相关科技前沿并享有盛誉的学术和技术带头人；造就数百名具有国内先进水平并保持学科优势的学术和技术带头人；培养数千名相关学科领域有较高学术造诣、起骨干或核心作用的学术和技术带头人。组建食品药品监管总局科学技术专家委员会，打造高端智库。加强 35 岁以下科技创新青年人才的培养和支持。打造具有国际视野和战略思维，政策研究、综合协调和组织能力强的科技管理人才。

后　记

任何的研究都不是无本之木，首先，要感谢诸多经济学研究学者对于食品安全科技创新体制研究做出的前期成果，这是本书写作的源泉，本书是在这些学者的辛勤研究成果基础上产生的，在此再次诚挚地向他们表示衷心的感谢；其次，感谢我的研究团队，是你们无私的付出本书才得以成稿，成员间的相互鼓励和促进是本书的写作动力；最后，感谢我的家人，尤其是我的妈妈和爱人，在本书写作期间，你们给予了我有力的支持，感谢你们。

多年对食品安全规制经济学的研究，使得我越发热爱这门科学，并且更加敬佩在经济学理论和应用领域不断创新和探索的同行们，中国经济的发展处于拐点阶段，需要更多的学者砥砺前行，为祖国经济发展作出贡献，以此共勉！

作者
2020 年 8 月